神奇瘦身养颜蔬果汁

速查全书

孙树侠　　于雅婷　主编

健康养生堂编委会　编著

江苏凤凰科学技术出版社

健康养生堂编委会成员

（排名不分先后）

清爽瘦身蔬果汁 锁住不老的年华

——美丽人生从每天一杯蔬果汁开始

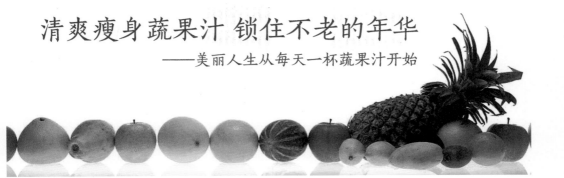

窈窕身材，婀娜多姿，丹唇皓齿，明眸善睐，雪肌凝脂，云鬓修眉……美丽是女人与生命的一世之约，女人无时无刻不祈求青春永驻，身上不留下岁月的痕迹。

玉树临风，气宇轩昂，阳刚健朗，剑眉星目，俊鼻朗口，美如冠玉……在如今的职场，男人一样需要时尚有型的外表，一样害怕身材走样、发福变成大肚男。

肥胖是诸多疾病的"滋生床"，是美丽和健康的杀手。瘦身养颜是当今社会爱美人士最关心的话题，年轻女性、中老年女性关注它，时尚男性同样如此，也需要保持修长健康的身材。然而岁月如同一把"杀猪刀"，在不知不觉中，慢慢地将我们"砍"老，增肥变胖，在脸上刻下皱纹，留下色斑。想要与岁月抵抗，就要寻找出自然抗衰防老、瘦身养颜的"灵丹妙药"。水是生命之源，可以促进新陈代谢、排毒清热、润泽肌肤；蔬果是蕴含自然精华的本草，能够促进肠道蠕动、润肠通便、抗氧化、排毒降脂。蔬果汁正是二者完美的结合，选取天然的蔬菜、水果榨取而成，富含各种维生素、矿物质和膳食纤维，脂肪少，热量低，可以帮助身体清除毒素、消脂减肥、抗老防衰、美白养颜，还能增强人体免疫力，预防和调理各种常见病症。

为了美丽健康，就让我们远离那些含有色素、香料、防腐剂及糖精等人工合成的饮料吧！在家中亲手制作天然的蔬果汁，依个人口味，增减浓度，添加冰糖、白糖、蜂蜜、冰块等，口感色泽更加爽口诱人，而且自然新鲜、卫生健康，最重要的是还能达到减肥瘦身、排毒养颜的功效。

本书由专业营养师和美食料理师精选推荐，包括220款蔬果汁和12款花果醋，简单易学，操作方便。我们空闲时走进厨房，挽起袖子，用不了十几分钟，就可以榨出清香怡人的蔬果汁，与爱人、家人、朋友一起分享这美滋美味的健康自制饮品吧。

阅读导航

我们在此特别规划了导读单元，对文中各个部分的功能、特点等作一说明，这必然会大大地提高读者在阅读本书时的效率。

材料
制作本道蔬果汁所需主
要材料的名称和用量

名称
蔬果汁名称介绍

做法
制作本道蔬果汁的详
细步骤介绍

食疗作用
介绍本道蔬果汁对人
体产生的功效

香梨猕猴桃汁

● 润肠通便 + 软化血管

蔬果汁热量 **90kcal/100ml**
操作方便度 ★★★☆☆
推荐指数 ★★★★☆

食材准备

| 梨………………1个 | 猕猴桃…………1个 |
| 柠檬……………1个 | 冰块……………少许 |

料理方法
① 猕猴桃洗净，削皮后切成块。
② 梨洗净，去皮、去核，切成小块；柠檬洗净切片。
③ 将梨、猕猴桃、柠檬放入榨汁机中榨汁。
④ 依个人喜好加入冰块即可。

饮用功效
此饮品保留水果的原味，猕猴桃营养丰富，对消化不良有一定的改善作用；而梨水分充足，能软化血管，对缓解大便燥结有一定的功效。

营养成分
以 100ml 可食蔬果汁计算

膳食纤维	蛋白质	脂肪	碳水化合物
4.5 克	1.6 克	1.3 克	12.7 克

蜜桃香瓜汁

● 强心固肾 + 缓解便秘

蔬果汁热量 **96kcal/100ml**
操作方便度 ★★★☆☆
推荐指数 ★★★★☆

食材准备

| 桃子………………150 克 | 香瓜…………200 克 |
| 柠檬………………30 克 | 冰块…………50 克 |

料理方法
① 桃子洗净，去皮、核，切块。
② 香瓜去皮，切块；柠檬洗净，切片。
③ 将桃子、香瓜、柠檬放进榨汁机中榨出汁。
④ 将果汁倒入杯中，加入少许冰块即可。

饮用功效
此饮品可缓解便秘，还有利尿的功效。可改善肾病、心脏病。依个人口味和喜好，也可以加入白糖或蜂蜜调味。

营养成分
以 100ml 可食蔬果汁计算

膳食纤维	蛋白质	脂肪	碳水化合物
1.7 克	1.6 克	0.9 克	19.3 克

44 神奇瘦身养颜蔬果汁速查全书

营养成分
详列该蔬果汁中所含的主要营养成分

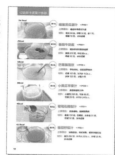

● 低热量果汁速查表

低热量果汁中，哪种果汁既美味，又不会使体重增加，阅读排行榜，就能立刻一目了然。

● 自制蔬果汁10大要诀

在家DIY蔬果汁，并不是随意选择几样蔬果搭配在一起，搅拌压榨就可以了，必须遵循一定的原则。

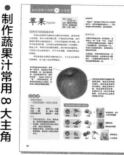

● 制作蔬果汁常用8大主角

适合制作果汁的8大蔬果，不仅颜色鲜艳、味道爽口，同时营养成分相当丰富，搭配其他蔬果，有提味、增强功效的作用。

蜜桃苹果汁

● 清理肠胃 + 顺畅排便

蔬果汁热量 93kcal/100ml

操作方便度 ★★★★★
推荐指数 ★★★★☆

食材准备

桃子………100 克		柠檬………30 克	
苹果………100 克		冰块………适量	

料理方法

① 将桃洗净，对切为二，去核。
② 苹果去核，切块；柠檬洗净，切片。
③ 将苹果、桃子、柠檬依次放进榨汁机中榨出汁，放入冰块即可。

饮用功效

此饮品可整肠排毒，缓解肾脏病、肝病等。因苹果中含有丰富的粗纤维，可排除体内的有毒物质，清理肠胃。

营养成分

☐ 100ml 可食蔬果汁计算

膳食纤维	蛋白质	脂肪	碳水化合物
1.3 克	0.9 克	1 克	21 克

苹果黄瓜汁

● 排除毒素 + 整肠利尿

蔬果汁热量 49kcal/100ml

操作方便度 ★★★★☆
推荐指数 ★★★★☆

食材准备

苹果………100 克		柠檬………30 克	
小黄光………100 克		冰块………少许	

料理方法

① 苹果洗净，去核，切块。
② 小黄瓜洗净，切段。
③ 柠檬连皮切成块。
④ 把苹果、小黄瓜、柠檬放入榨汁机中榨成汁，最后在果汁中加入少许冰块即可。

饮用功效

常饮此品能收到整肠、利尿的功效，有助于排出体内的各种毒素。

营养成分

☐ 100ml 可食蔬果汁计算

膳食纤维	蛋白质	脂肪	碳水化合物
1 克	0.9 克	0.5 克	15.8 克

清体・排毒净化蔬果汁篇

热量、等级推荐
呈现操作方便度、推荐指数，以及本道蔬果汁的详细热量

蔬果汁美图
色彩鲜艳的蔬果汁彩图，挑逗读者的味蕾

目录 | Contents

阅读导航　　4

12款低热量蔬果汁推荐　　18

瘦身测试——选择适合你的减重方法　　20

制作蔬果汁工具大集合　　22

自制蔬果汁10大要诀　　24

15种常见蔬果存储一览表　　26

7招瘦身排毒，摆脱肥胖一身轻松　　28

养颜美容建议，要让美丽永远绽放　　29

制作蔬果汁常用8大主角　　30

第一章
清体 排毒净化蔬果汁

排除宿便：宿便是肥胖根源

西瓜苹果梨汁	祛火排毒 + 清热消暑	41
综合三果汁	缓解便秘 + 预防癌症	41
草莓花椰汁	通便利尿 + 调节情绪	42
甜瓜优酪乳	消除便秘 + 增强代谢	43
香梨猕猴桃汁	润肠通便 + 软化血管	44
蜜桃香瓜汁	强心固肾 + 缓解便秘	44
酪梨蜜桃汁	通便利尿 + 轻体瘦身	45
白菜苹果汁	排除毒素 + 强身健体	45
石榴苹果汁	清理肠胃 + 缓解便秘	47
毛豆橘子奶	通便利尿 + 帮助消化	47
香柚菠萝草莓汁	改善便秘 + 降压祛湿	48

酪梨蜜桃汁
通尿利便+轻体瘦身

柠檬
生津止渴＋健脾开胃

蜂蜜苦瓜姜汁	清热降火＋排毒瘦身	49
南瓜椰奶	排毒消脂＋预防脱发	50
草莓芜菁香瓜汁	润肠消食＋疏肝解郁	50
葡萄花椰梨汁	改善便秘＋缓解胃病	51
香芹葡萄菠萝汁	清理肠道＋降压排毒	51
双果柠檬汁	调节肠胃＋预防便秘	53
甘蔗番茄汁	消暑解渴＋通便利尿	53
雪梨香蕉苹果汁	消除疲劳＋排毒养颜	54
木瓜牛奶蜜	健脾和胃＋护肝排毒	55
西瓜柠檬汁	利尿排毒＋清肠通便	56
胡萝卜梨汁	改善便秘＋醒酒护肝	56
蜜桃苹果汁	清理肠胃＋顺畅排便	57
苹果黄瓜汁	排除毒素＋整肠利尿	57

清热利尿：排出毒热一身轻

柠檬香瓜橙汁
通利小便＋缓解肾病

葡萄芋头梨汁	化痰祛湿＋健脾益胃	59
番茄柠檬汁	加速排毒＋延缓衰老	59
芜菁苹果汁	清热解毒＋消肿利尿	60
柠檬芒果汁	促进消化＋加速排毒	61
柠檬香瓜橙汁	通利小便＋缓解肾病	62
葡萄芜菁梨汁	利尿消肿＋镇静安神	62
紫苏菠萝蜜汁	润畅肠道＋滋补美容	63
土豆胡萝卜汁	通气利尿＋减肥塑身	63
鲜藕香瓜梨汁	润肺通便＋利尿祛暑	65

目录 | Contents

苹果
润肺止咳+解暑消渴

白菜糙米汁	通利肠胃 + 清热解毒	65
香芹柠檬苹果汁	酸甜可口 + 利尿降压	66
柳橙蜜汁	生津止渴 + 清热利尿	67
菠萝果菜汁	利尿通便 + 消除疲劳	68
香蕉苹果汁	润肠通便 + 利尿排毒	68
芒果茭白牛奶	利尿止渴 + 清热消暑	69
卷心菜芒果蜜汁	缓解胃病 + 提振精神	69
桂圆枸杞蜜枣汁	利尿排毒 + 防癌抗癌	71
甜柿胡萝卜汁	清热止渴 + 凉血止血	71

轻松排毒：每天喝杯清毒素

苹果白菜柠檬汁
养颜瘦身+排毒利尿

桑葚青梅杨桃汁	利尿解毒 + 醒酒消积	73
山药菠萝枸杞汁	增强免疫 + 清肠排毒	73
油菜苹果汁	排毒养颜 + 强身健体	74
苹果白菜柠檬汁	美颜瘦身 + 排毒利尿	75
柠檬葡萄柚汁	清肠排毒 + 预防便秘	76
番茄香柚芒果汁	促肠蠕动 + 安眠养神	77
木瓜香蕉牛奶	改善便秘 + 美白瘦身	78
苹莓果菜汁	养颜排毒 + 安稳睡眠	78
草莓香芹芒果汁	消暑除烦 + 清利小便	79
五色蔬菜汁	排除毒素 + 改善肌肤	79
卷心菜蜜瓜汁	通便利尿 + 清热解燥	80
葡萄生菜梨汁	安神助眠 + 消脂减肥	81

第二章
纤体 消脂瘦身蔬果汁

纤体减肥：让脂肪无所遁形

黄瓜
清热利尿+解毒消肿

草莓柳橙汁	美颜纤体 + 延缓衰老	87
草莓蜜桃菠萝汁	防治便秘 + 健胃强身	87
黄瓜水果汁	窈窕瘦身 + 润泽肌肤	88
番茄蜂蜜饮	养颜美容 + 减脂塑身	89
枇杷菠萝蜜	消脂润肤 + 整肠通便	90
麦片木瓜奶昔	帮助消化 + 分解脂肪	90
草莓柳橙蜜	美白消脂 + 润肤丰胸	91
柠檬苹果汁	祛脂降压 + 纤体塑形	91
菠萝柳橙汁	消炎排毒 + 促进消化	93
消脂菠萝汁	促肠蠕动 + 消脂瘦身	93

排毒纤体：塑造完美S曲线

牛奶
生津润肠+补益身体

胡萝卜香瓜汁	清热解毒 + 促进代谢	95
苹果香芹梅汁	生津止渴 + 祛脂减肥	95
蜜李鲜奶	排毒塑身 + 利尿消肿	96
山药苹果优酪乳	消脂丰胸 + 延缓衰老	97
柳橙猕猴桃汁	促进消化 + 缓解便秘	98

目录 | Contents

葡萄菠萝蜜奶
代谢毒素+减脂瘦身

葡萄菠萝蜜奶	代谢毒素 + 减脂瘦身	99
葡萄香芹汁	消脂润肤 + 整肠通便	100
香瓜柠檬苹果汁	排毒消脂 + 促进代谢	100
黄瓜柠檬汁	美容纤体 + 清热解暑	101
番茄蜂蜜汁	润肠通便 + 强心健体	101
菠萝木瓜橙汁	清心润肺 + 帮助消化	102
苹莓胡萝卜汁	祛脂减肥 + 代谢毒素	103
仙人掌葡芒汁	整肠健胃 + 消脂排毒	104
香蕉苦瓜苹果汁	祛脂降糖 + 纤体瘦身	105

调节肠道：肠道畅通每一天

葡萄猕猴桃汁	调节肠胃 + 美容瘦身	107
葡萄萝梨汁	调整睡眠 + 促进代谢	107
玫瑰黄瓜饮	固肾利尿 + 清热解毒	108
番茄蔬果汁	清理肠胃 + 净化血液	109
香橙猕猴桃汁	调理胃病 + 促进消化	110
橘香卷心菜汁	消积止渴 + 美容养颜	110
柳橙果菜汁	消食开胃 + 疏肝理气	111
土豆莲藕汁	促肠蠕动 + 改善便秘	111
菠萝草莓橙汁	提振食欲 + 消暑止渴	113
柳橙菠萝椰奶	清热润肠 + 减肥塑身	113
甜椒蔬果饮	促进消化 + 消炎利尿	114
芒果冰糖饮	帮助消化 + 健身美体	115

柳橙菠萝椰奶
清热润肠+减肥塑身

番茄
生津止渴+清热解毒

草莓柠檬梨汁	美容瘦身+缓解胃病	116
绿茶优酪乳	清洁血液+预防肥胖	116
番茄海带饮	清理肠道+预防肠癌	117
哈密瓜柳橙汁	清热解燥+降低血脂	117

预防水肿：瘦身与消肿兼顾

冬瓜苹果蜜	清热解暑+消肿减肥	119
小黄瓜蜂蜜饮	紧致肌肤+瘦身抗老	119
香芹芦笋苹果汁	利水消肿+护肝防癌	120
番茄优酪乳	纤体美容+促进代谢	121
姜香冬瓜蜜	通利小便+消除水肿	122
菠萝苹果汁	降低血压+防止水肿	122
香菇葡萄蜜	利尿消肿+预防癌症	123
西瓜香蕉蜜	利尿排水+补体健身	123
牛蒡活力饮	清热解毒+利水消肿	125
蔬菜精力汁	燃烧脂肪+降压利尿	125
橙香菠萝牛奶	排毒降脂+改善体质	126
哈密木瓜牛奶	促进排便+利尿消肿	127
番茄芹柠汁	降压抗癌+消食利尿	128
菠萝香芹汁	排毒利尿+调节肠胃	128
小黄瓜苹果汁	清理肠道+缓解水肿	129
苹果优酪乳	祛脂降压+补充营养	129

牛蒡活力饮
清热解毒+利水消肿

目录 | Contents

第三章
补体 养颜保健蔬果汁

芒果
益胃止呕+利尿解渴

动力十足：瘦身后活力四射

胡萝卜桑葚苹果汁	增强体力 + 改善视力	134
番茄胡萝卜汁	缓解过敏 + 美化肌肤	135
哈密瓜芒果牛奶	改善视力 + 减肥健身	136
草莓葡萄汁	增强体力 + 促进代谢	137
胡萝卜橘香奶昔	补充营养 + 安神镇静	138
芒果橘子奶	消除疲劳 + 止渴利尿	138
橘子优酪乳	增强体质 + 防癌抗癌	139
葡萄哈密瓜牛奶	补充体力 + 促进代谢	139
西瓜番茄汁	利尿消肿 + 醒酒解毒	140
哈密瓜芒果汁	恢复体力 + 通利小便	141
彩椒柠檬汁	预防贫血 + 补体塑身	142
蜜枣黄豆牛奶	补血养血 + 润泽肌肤	143

哈密瓜芒果汁
恢复体力+通利小便

保健养生：健康和漂亮同在

胡萝卜苹果橘汁	增强体力 + 预防感冒	144
莲藕苹果柠檬汁	清热解毒 + 清肺润喉	145
金橘苹果蜜汁	增强体力 + 预防感冒	146
香柚萝卜蜜汁	增强免疫 + 美容养颜	147
葡萄柠檬汁	强健体力 + 预防感冒	148

山竹
止痛止泻+健脾生津

胡萝卜苹果汁
消脂防癌 + 清洁血液

胡萝卜梨汁	强身健体 + 清热润肺	148
香蕉哈密瓜奶	缓解压力 + 降低血压	149
香柚汁	消除疲劳 + 预防癌症	149
姜梨蜜饮	生津止渴 + 清热润肺	150
卷心番茄甘蔗汁	保肝护肝 + 清热解毒	151
胡萝卜苹果汁	消脂防癌 + 清洁血液	152
草莓双笋汁	利尿降压 + 保护血管	153
西芹苹果蜜	强化血管 + 降低血脂	154
降压火龙果汁	清热凉血 + 通便利尿	154
强肝蔬果优酪乳	补体强身 + 减肥瘦身	155
番茄香芹柠檬汁	清热解毒 + 保护肝脏	155
香瓜蔬菜蜜汁	排除毒素 + 降低血压	156
萝卜蔬果汁	预防癌症 + 消除腹胀	157
南瓜柳橙牛奶	排毒消脂 + 增强免疫	158
香柚番茄优酪乳	补充钙质 + 纤体瘦身	159
番茄芒果汁	降低血脂 + 瘦身排毒	160
酪梨葡萄柚汁	养颜美容 + 缓解宿醉	160
番茄苹果优酪乳	整肠利尿 + 改善便秘	161
葡萄蔬果汁	降低血压 + 清洁肠道	161
橘香姜蜜汁	保护心脏 + 祛脂降压	162
胡萝卜优酪乳	预防便秘 + 清除宿便	163
豆香番茄芹菜汁	预防血栓 + 降低血脂	164
蔬菜柠檬蜜	降火祛热 + 防动脉硬化	164
胡萝卜山竹汁	补充营养 + 解热降燥	165
草莓优酪乳	舒缓压力 + 预防癌症	165

目录 | Contents

抗老防衰：消除岁月痕迹

芝麻葡萄汁
排除毒素+养颜美容

香柚草莓汁	延缓衰老 + 美白肌肤	166
猕猴桃桑葚奶	补充营养 + 润肤抗老	167
香梨优酪乳	预防便秘 + 预防斑纹	168
元气蔬果汁	美容养颜 + 排毒塑身	169
芝麻香蕉牛奶	嫩肤解毒 + 润肠通便	170
番茄山楂蜜	清热防癌 + 消食利尿	170
芝麻蜂蜜豆浆	美化肌肤 + 祛脂减肥	171
芝麻葡萄汁	排除毒素 + 养颜美容	171
黑豆养生汁	除湿利水 + 活血解毒	172
红豆优酪乳	健胃生津 + 祛湿益气	173
胡萝卜梨汁	增强免疫 + 清肠润肺	174
菠菜胡萝卜汁	细致肌肤 + 预防贫血	175

第四章
养颜美白 芳华不老蔬果汁

美白亮肤：肌肤更雪白洁净

葡萄苹果牛奶
嫩肤美白+改善贫血

马蹄双瓜汁	清热除烦 + 美肌嫩肤	181
花椰黄瓜汁	润滑肌肤 + 缓解便秘	181
葡萄苹果牛奶	嫩肤美白 + 改善贫血	182
仙人掌菠萝汁	健胃补脾 + 养颜护肤	183
酪梨木瓜柠檬汁	淡化细纹 + 延缓衰老	184
活力蔬果汁	美白润肤 + 淡化斑点	184

猕猴桃
清热生津+利尿止渴

清香薄荷苹果汁	补血益气 + 亮泽肌肤	185
芦荟柠檬汁	促进消化 + 美肌嫩肤	185
西芹菠萝蜜	滋养肌肤 + 嫩白美肌	186
菠萝柠檬汁	滋润皮肤 + 美白养颜	187
香蕉番茄乳酸饮	延缓老化 + 润泽肌肤	189
卷心火龙果汁	缓解便秘 + 预防癌症	189
杨桃香蕉牛奶蜜	净肤亮白 + 消除皱纹	190
冰糖芦荟桂圆露	红润脸色 + 排除毒素	190
香橙猕猴桃优酪乳	修护肌肤 + 活肤焕采	191
柠檬茭白香瓜汁	嫩白保湿 + 淡化雀斑	191

祛斑消纹：养水嫩光泽肌肤

蒲公英葡萄柚汁	祛除斑纹 + 消肿健胃	193
草莓香柚黄瓜汁	淡化斑点 + 清肝利胆	193
美容蔬果汁	降压安神 + 亮泽肌肤	194
黄芪李子奶	润肤美白 + 利尿排毒	195
蔬果豆香汁	淡斑美白 + 亮颜活肤	196
山楂柠檬莓汁	除斑美白 + 焕采醒肤	196
柠檬绿芹香瓜汁	淡化黑斑 + 祛除雀斑	197
酪梨柠檬橙汁	延缓衰老 + 预防黑斑	197
木瓜蜜汁	祛除斑纹 + 消肿除脂	199
蜂蜜豆浆	嫩白肌肤 + 淡斑美白	199
蒲公英草莓汁	细致肌肤 + 红润脸色	200
柠檬菠菜香柚汁	淡化黑斑 + 美白肌肤	201
木瓜香橙优酪乳	抑制黑色素 + 光采焕颜	202

美容蔬果汁
降压安神+亮泽肌肤

目录 | Contents

葡萄柚
止咳化痰+生津止渴

柠檬橙汁	预防雀斑 + 降火解渴	202
草莓紫苏橘汁	祛斑除皱 + 养颜美容	203
柠檬牛蒡香柚汁	滋润肌肤 + 淡化斑点	203

防治粉刺：告别青春痘烦恼

草莓蜜瓜菠菜汁	通利肠胃 + 消除痘痘	205
草莓橘香芒果汁	治疗粉刺 + 防止过敏	205
双瓜柠檬汁	缓解青春痘 + 滋润肌肤	206
润肤蔬果蜜	美白润肤 + 去痘消肿	207
红糖西瓜饮	控油洁肤 + 预防过敏	208
蜜桃牛奶	防治粉刺 + 润肤养颜	208
柠檬生菜莓汁	消除痘痘 + 缓解晒伤	209
香瓜蔬果汁	细致肌肤 + 祛脂减肥	209
胡萝卜菠萝汁	消炎除痘 + 清热解毒	211
枇杷胡萝卜苹果汁	祛火除燥 + 净痘美肤	211
柠檬香芹橘汁	淡化雀斑 + 清除痤疮	212
芭蕉芒果汁	润泽肌肤 + 预防青春痘	213
卷心葡萄汁	紧致毛孔 + 缓解青春痘	214
番茄香柚汁	润泽肌肤 + 红润脸色	214
甜柿柠檬汁	预防痘痘 + 淡化斑纹	215
柠檬柳橙猕猴桃汁	滋润皮肤 + 修复晒伤	215

柠檬香芹橘汁
淡化雀斑+清除痤疮

润泽肌肤：宛若新生的触感

| 草莓柠檬优酪乳 | 促进排毒 + 增强体质 | 217 |

菠萝
清热解暑+消食止泻

菠萝苹果汁	瘦身美白＋修复晒伤	217
菠萝豆浆	消除疲劳＋润泽肌肤	218
菠菜蜜汁	排除毒素＋亮颜活肤	218
胡萝卜猕猴桃汁	改善肤质＋缓解疲劳	219
南瓜胡萝卜鲜奶	保护皮肤＋预防感冒	219
雪梨香柚汁	滋润肌肤＋润肺解酒	220
柠檬蔬果汁	淡化斑点＋嫩肌美肤	221

第五章
健康养颜 青春永驻花果醋

玫瑰醋饮	养颜美容＋调理气血	226
甜菊醋饮	缓解疲劳＋祛脂美颜	227
薰衣草醋饮	洁净肌肤＋收缩毛孔	228
洋甘菊醋饮	延缓老化＋润肌美肤	229
金钱薄荷醋饮	促进消化＋消除疲劳	230
茴香醋饮	祛脂减重＋紧致肌肤	231
葡萄醋饮	消除疲劳＋延缓衰老	232
苹果醋饮	亮白肌肤＋淡化细纹	233
柠檬苹果醋饮	紧肤润肌＋轻松瘦身	234
荔枝醋饮	预防肥胖＋排毒养颜	235
草莓醋面膜	淡化雀斑＋美肌嫩肤	236
黑枣醋润肤露	活络气血＋红润肤色	237

葡萄醋饮
消除疲劳+延缓衰老

12款低热量蔬果汁推荐

24.7kcal/100ml 可食蔬果汁

第1名

蜂蜜苦瓜姜汁 ＜P49＞

上榜理由：瘦身排毒最佳饮品

材料：苦瓜 50 克，柠檬 30 克，姜 7 克，
蜂蜜 10 克，冰块适量

29kcal/100ml 可食蔬果汁

第2名

番茄蜂蜜饮 ＜P89＞

上榜理由：瘦身美容的最佳选择

材料：番茄 200 克，蜂蜜 30 克，冰块适量

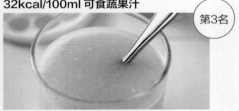

32kcal/100ml 可食蔬果汁

第3名

芒果冰糖饮 ＜P115＞

上榜理由：帮助消化，促进肠胃蠕动

材料：芒果 150 克，冷开水 100 毫升，
冰块 120 克，冰糖适量

38kcal/100ml 可食蔬果汁

第4名

小黄瓜苹果汁 ＜P129＞

上榜理由：清理肠道，防水肿

材料：小黄瓜 200 克，苹果 80 克，柠
檬 20 克，冷开水 240 毫升

42kcal/100ml 可食蔬果汁

第5名

葡萄花椰梨汁 ＜P51＞

上榜理由：改善便秘，缓解肠胃病

材料：葡萄150克，花椰菜、白梨各50克，
柠檬 30 克，冰块适量

42.5kcal/100ml 可食蔬果汁

第6名

番茄柠檬汁 ＜P59＞

上榜理由：消除疲劳，帮助排毒，缓解
肾脏负担

材料：番茄 200 克，水 250 毫升，柠檬
30 克，盐、冰块各适量

43kcal/100ml 可食蔬果汁

第7名

番茄蔬果汁 ＜P109＞

上榜理由：清理胃肠，净化血液

材料：番茄、西芹各150克，青椒10克，
柠檬15克，冷开水150毫升

43kcal/100ml 可食蔬果汁

第8名

苹果柠檬汁 ＜P91＞

上榜理由：降低食欲，防止发胖

材料：苹果100克，碎冰60克，
柠檬30克，冷开水60毫升

46kcal/100ml 可食蔬果汁

第9名

柠檬葡萄柚汁 ＜P76＞

上榜理由：排除毒素，健康瘦身

材料：柠檬30克，西芹80克，葡
萄柚150克，冰块适量

48.5kcal/100ml 可食蔬果汁

第10名

番茄海带饮 ＜P117＞

上榜理由：预防大肠癌

材料：番茄200克，水发海带50克，
柠檬、果糖各20克

48.7kcal/100ml 可食蔬果汁

第11名

番茄蜂蜜汁 ＜P101＞

上榜理由：提升心脏功能，抑制脂
肪肝形成

材料：番茄200克，蜂蜜30克，
冷开水50毫升，冰块100克

49kcal/100ml 可食蔬果汁

第12名

南瓜椰奶 ＜P50＞

上榜理由：帮助身体排毒，预防脱发、
便秘

材料：南瓜100克，椰奶50毫升、
红砂糖2汤匙

瘦身测试——
选择适合你的减重方法

瘦身一直是过去、现在，甚至未来最热门的话题。自己究竟何时开始发胖？为何肥胖在短暂间就会形成，而瘦身却如此漫长且困难呢？如果能找到一种在短期内既可瘦身，又能保持身体健康的减肥方法，势必会在世界各地掀起一股风潮。其实这一刻的到来，并不是不可能的。只是，究竟何时到来，我们不得而知，而且也不可能迟迟等到那一刻来临时，才开始瘦身，因为我们想瘦身的心情是如此地迫切，但建议大家必须用目前最好的方法来瘦身，切不可盲目行事。

在实施瘦身计划之前，先做个小测试吧！对自己有个全面的了解后，瘦身就容易一步到位，会事半功倍。

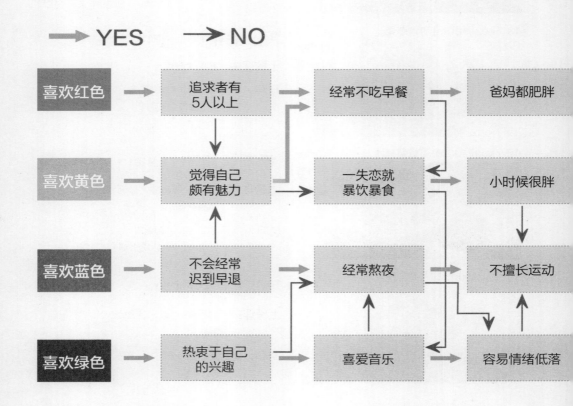

A 清体蔬果汁 吃得太多型

　　想必你是个活泼且朋友众多的人。你常与人结伴在外聚餐，或喜欢和家人齐聚一堂，一边聊天，一边吃饭，容易在不知不觉中吃得过多，或营养不均衡导致体重超标。如果想瘦身成功，势必要调整饮食习惯。

B 纤体蔬果汁 意志薄弱型

　　各种瘦身方法都试过，就是瘦不下来！一开始就对自己缺乏信心，或瘦身期间看到甜食就管不住嘴巴，如此意志不坚定，当然容易失败。你是否常犯这种毛病？为了瘦身成功，意志力非常重要。

C 补体蔬果汁 压力沉重型

　　性情温柔的你，总是很在意周遭人对你的看法，所以对朋友、家人不免拘谨了些。或许你本身没有察觉，而无形中压力却逐渐累积，所以减肥成功的关键，在于适时缓解压力。

D 养颜蔬果汁 运动不足型

　　你是不是觉得运动很麻烦，所以下班后就回家，假日哪里也不想去？如果想减肥成功，就不能再继续如此下去了。下班后刻意多走几步路，要养成有空就活动身体的习惯。

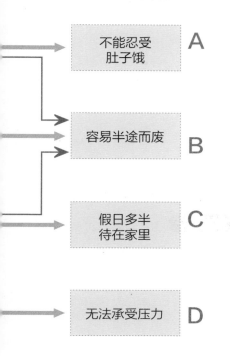

不能忍受肚子饿　A

容易半途而废　B

假日多半待在家里　C

无法承受压力　D

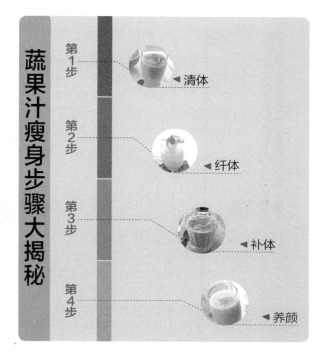

蔬果汁瘦身步骤大揭秘

第1步　清体
第2步　纤体
第3步　补体
第4步　养颜

制作蔬果汁工具大集合

果汁机

特色

　　香蕉、桃子、木瓜、芒果、香瓜和番茄等含有细纤维的蔬果，最适合用果汁机来制作果汁，因为可保留细小的纤维或果渣，和果汁混合，会呈现浓稠状，成为美味又具口感的果汁。而纤维较粗的蔬菜和葡萄等，也可以先用果汁机搅碎，再用筛子过滤。

使用方法

1. 将水果的皮和籽去除，并切成小块，再加上冷开水搅拌。

2. 材料不宜一次放太多，要少于容器容量的 1/2。

3. 搅拌时间一次不可连续操作 2 分钟以上。如果果汁搅拌时间较长，需暂停 2 分钟，再开始操作。

4. 冰块不可单独搅拌，要和其他材料一起搅拌。

5. 材料放入的顺序：先放切成块的固体材料，再加液体搅拌。

清洁建议

① 使用后应马上清洗，将碎蛋壳、少许清洁剂和水倒入果汁机中，稍微搅打，再用大量的清水冲洗、晾干。

② 钢刀须先用水泡一下再冲洗，最好使用棕毛刷清洗。

果菜榨汁机

特色

　　适用于较为坚硬、根茎部分较多、纤维多且粗的蔬果，例如胡萝卜、苹果、菠萝、西芹、黄瓜等。果菜榨汁机能将果菜渣和汁液分离，所以最后打出来的，会是较清澈的蔬果汁。

使用方法

1. 把材料洗净后，切成可放入料口的大小。

2. 放入材料后，将杯子或容器放在饮料出口下，再把开关打开，机器会开始运作，同时再用挤压棒在入料口挤压。

3. 纤维多的食物，直接榨取，不要加水，取其原汁即可。

清洁建议

① 若单独用于榨水果或蔬菜，则用温水冲洗，并用刷子清洁即可。

② 如果使用鸡蛋、牛奶或油腻的食材，则可在水里加一些洗洁剂，转动数回即可洗净。无论如何，使用后需要立刻清洗。

压汁机

特色

  相当适用于制作柑橘类水果的果汁，果肉和果汁混合呈现浓稠状，成为美味又具口感的果汁。

使用方法

  水果最好以横切方式，将切好的果实覆盖其上，再往下压并左右转动，就能挤出汁液。

清洁建议

① 使用完应马上用清水清洗，而压汁处因为有很多细缝，需用海绵或软毛刷清洗残渣。

② 清洁时应避免使用菜瓜布，因为会刮伤塑胶材质部位，容易潜藏细菌。

砧板

特色

  蔬果和肉类的砧板应分开使用，除可以防止细菌交叉感染外，也可以避免蔬果沾染肉类、辛香料的味道。

➲ 清洁建议

① 塑胶砧板每次使用完后，要用海绵清洗干净并晾干。

② 不要用高温清洗，以免砧板变形。

③ 每星期在砧板上撒一层小苏打粉，用刷子刷洗，再用大量开水冲洗。

搅拌棒

特色

  搅拌棒有多种材质、颜色和款式，但无论什么材质，都是能让果汁中的汁液和溶质均匀混合的好帮手；底部附有勺子的搅拌棒，能让果汁搅拌得更均匀，而没有附勺子的，则较适合搅拌没有溶质或溶质较少的果汁。

➲ 使用方法

  果汁制作完成后，倒入杯中，再用搅拌棒搅匀即可。

➲ 清洁建议

  使用后立刻用清水洗净、晾干即可。

磨钵

特色

  适合将卷心菜、菠菜等叶茎类食材制成蔬果汁时使用。此外像葡萄、草莓、蜜柑等柔软、水分又多的水果，也可用磨钵做成果汁。

➲ 使用方法

  首先将材料切细，放入钵内，再用研磨棒捣碎，磨碎之后，用纱布将其榨干。在使用磨钵时，要注意擦干材料、磨钵和研磨棒上的水分。

➲ 清洁建议

  使用完毕必须马上用清水清洗，并将其擦拭干净。

自制蔬果汁10大要诀

1 使用新鲜材料

蔬菜和水果如果存放太久，其营养价值会大打折扣，所以应该尽量选用新鲜的材料榨汁。如果材料有损坏，一定要把损坏的部位去掉后再使用。

2 制作时间缩短

为了减少维生素的流失，以及防止蔬果口感变差，在制作过程中，动作应该快一些；尤其是在利用榨汁机压榨蔬果时，更应该高速完成。

3 蔬果最好混合搭配

蔬菜类的食物榨成汁后，大多口感不佳，所以可添加一些水果搭配使用，以调和口味，还能使蔬果汁的营养更均衡。水果中的苹果，可说是最百搭的水果之一。

4 柠檬尽量最后放入

由于柠檬的酸味较浓，制作蔬果汁时，其酸味容易影响到其他食材的口感，所以应该尽量在最后加入柠檬，这样不但不会破坏果汁的口味，反而会为蔬果汁增添香气。

5 首选当季的蔬果

只有沐浴在阳光下的蔬果，才富含多种营养，同时口感也更好，所以应该选用陆地蔬果，最好选用当季的蔬果。

6 去除蔬果水气

蔬果清洗干净后，应该将其表面的水气彻底去除，才能保持蔬果的新鲜度。

7 尽量削去水果表皮

为了减少维生素流失，虽然水果表皮的维生素和矿物质比果肉多，但是市场上卖的水果，果皮上常涂有蜡，或附着防腐剂，还可能有残留的农药，为了安全起见，仍宜去皮食用。

8 巧妙使用冰块

不好喝的蔬果汁加上冰块，口感会稍微好一些；另外在搅打食物时，可以先放入冰块，不但可以减少榨汁过程中产生的气泡，还能防止营养成分被氧化。

9 材料须放入冰箱冷藏

为了使口感更好，可以先冷藏使用的材料；香瓜类可以先去除种子后，再裹以保鲜膜保存。

10 果汁要尽快喝完

为了保留果汁中的营养成分不被氧化，制成的蔬果汁最好在2小时内喝完。

15种常见蔬果存储一览表

蔬果名称	最佳食用时间	存储方法
藕	秋季 9、10月	整个包起来放置于冰箱内，可以保存7~10天。
草莓	夏季 5、6、7月	不要清洗，只去掉梗，盖上保鲜膜放入冰箱就可以。
西芹	夏秋季 6、7、8、9、10月	清洗干净后，将叶和茎分别包裹于报纸里，然后再放入塑料袋，或者包裹于潮湿的毛巾中再置于冰箱即可。
葡萄	秋季 8、9、10月	不要清洗，以干燥状态用纸包好，一周内要食用完。
地瓜	秋季 9、10月	不要清洗，原封不动地放在阴凉处就可以，这种状态下，地瓜可以保存4~5个月。
猕猴桃	秋季 8、9、10月	购买猕猴桃时，应该选购稍硬一些的，在常温下保存三天后再放入冰箱，这样可以存放两周左右。
甜椒	夏秋季 6、7、8月	每个甜椒要分开保存，不要放在一起，以免其腐烂。

黄瓜	夏秋季 6、7、8、9月	用纸包好放置于阴凉处即可。
萝卜	秋季 7、8月	去除叶子和根须，用报纸包好放在阴凉通风处。
胡萝卜	夏秋季 7、8、9月	用报纸包好放在阴凉处，能够保存1个月左右。
土豆	夏季 6、7月	土豆放置时间长容易长芽，如果和苹果放在一起，就可以避免这种情况。
卷心菜	秋季 8、9、10月	剔除根部，然后用报纸包好，能防止卷心菜叶子打蔫。
木瓜	夏秋季 7、8、9月	七八分成熟的木瓜最适合放入冰箱中冷藏，保存时间不宜过长，为了不影响口感和味道，建议冷藏保存时间最好控制在10天以内。
香蕉	夏秋季 7、8、9、10月	将其切块后放入冰箱中冷藏保存；要想防止其变黑，可以滴一些柠檬汁在上面。
西瓜	夏秋季 6、7、8、9月	去除瓜皮和瓜子后冷藏保存即可。

7招瘦身排毒，摆脱肥胖一身轻松

肥胖会给我们带来身心的伤害，除了控制饮食、多运动，还要清理那些不断在体内堆积的毒素，这样才能达到既减肥又健康的效果。

第1招 控制饮食，清淡为主

严格控制每天的食量，饮食清淡，少吃热量高的食物，如甜食、蜜饯、肉类、蛋类、油炸食物等，早上吃得营养些，中午吃饱，晚上少吃或只吃水果和蔬菜。

第2招 坚持合理运动

制订一个运动计划表，每周坚持运动5~6次，每次最少45分钟，可以选择跑步、快走、健身操、跳绳、爬楼梯、瑜伽等。

第3招 多吃富含纤维素的食物

膳食纤维是减肥排毒的好帮手。纤维素不但热量非常低，而且能促进排便、增加饱腹感，这类食物有芹菜、白萝卜、丝瓜、玉米、荞麦、绿豆等。

第4招 拒绝含毒素的食物，补充抗氧化的食物

不吃含有农药的食品、有病的畜禽类、发霉食物、含化学添加剂的食品。同时补充含丰富维生素、矿物质等的天然蔬果，种类最好多样，如樱桃、葡萄、番茄、草莓等。

第5招 饮用瘦身排毒的饮料

茶水、蜂蜜水、白开水、花果醋、蔬果汁等。本书中很多蔬果汁、花果醋都具有排毒瘦身的作用，如油菜苹果汁、西瓜柠檬汁、草莓柳橙汁、葡萄醋饮等。

第6招 保证每天7小时的睡眠

睡眠充足可以帮助人稳定新陈代谢功能和抑制食欲，作息要有规律性。熬夜、喜欢吃夜宵很容易增肥。最好保证每天7小时的睡眠。

第7招 采取药茶瘦身排毒

很多药茶具有减肥排毒功效，如荷叶山楂茶（荷叶5克、桑叶3克、山楂10克冲泡），金银花菊花茶（金银花、菊花、山楂各8克冲泡），陈皮车前草茶（陈皮3克、车前草5克、绿茶5克）等。

养颜美容建议，要让美丽永远绽放

　　追求美丽的人永不疲惫，但只有注重后天的调理保养才能拥有健康容颜和身体。听听专家关于养颜美容的建议：

建议1：内调五脏

　　养颜的根本是滋阴，只有滋补身体五脏才能更好地保养容颜。

五脏	推荐食物	养颜美容的理由
心	红枣、桂圆、莲子、胡萝卜	心血不足，精神萎靡，皮肤苍白晦滞
肝	鲫鱼、绿豆、红豆、菠菜	肝血不足，面色无华，暗淡无光，两目干涩
脾	山药、洋葱、猪肚、栗子	脾功能健运，气血旺盛，面色红润，肌肤弹性好
肺	梨、冬瓜、百合、莲藕	肺失调，肌肤干燥，面容憔悴而苍白
肾	黑豆、枸杞、猪腰子、鹌鹑	肾气足，气血旺盛，容貌不衰

建议2：外护肌肤

　　选择适合自己的护肤化妆品，最好是提取天然草本的护肤品，另外，不同的化妆品品牌不宜交叉使用。也可以用天然蔬果花草自制护肤养颜化妆品。每天注意清洁皮肤，勤洗澡，每天洗脸不少于3次，夏季阳光强烈，外出时注意防晒。

建议3：饮食调理

　　营养失衡是损害容颜的一个重要原因，日常饮食要均衡摄取，尤其是蔬果、五谷杂粮等，营养充足，面色才会红润，皮肤才会细腻、光洁有弹性。同时，每天饮水不少于2000毫升。

建议4：情绪调整

　　美容专家指出，精神失调会有碍养颜。家庭、情感、事业、生活等因素，使人长期处于各种压力之下，心理负担过重、情绪紧张，精神失调，就会导致内分泌失调，面部就会发生异常，产生色素沉着，出现黄褐斑或痤疮、粉刺、暗疮、脱发等问题。因此要保证平和、淡定的心态。

建议5：按摩养颜

　　中医的按摩有很好的美容功效，采用以下穴位按摩，可以使皮肤光洁、面色红润、延缓衰老。

　　方法1：用拇指外侧手指甲切压关冲穴，用手指腹按揉阳池穴，各2分钟。

　　功效：促进皮肤血液循环，使皮肤光洁滋润，脸色红润。

　　方法2：用拇指指腹按揉合谷穴、外关穴各2分钟。

　　功效：调节头面部的气血，保健头面部的肌肤。

制作蔬果汁常用8大主角

苹果
Apple

| 分类：蔷薇科苹果属 |
| 原产地：高加索北部 |
| 别名：柰、林檎 |

"蜜富士"是将富士苹果不装入特定的袋子中，属天然栽培的品种之一。它比普通富士颜色更鲜艳，且味道更甜。

营养多元的健康水果

苹果以其独特的香味和丰富的营养物质获得多数人的喜爱。它含有丰富的维生素、矿物质和有机酸，其中膳食纤维的含量更是惊人。可溶性的膳食纤维和不可溶性的膳食纤维共同担负起抑制胆固醇上升的重任。除此之外，苹果内的多酚类物质丰富，热量极低，它不仅可以防止肌肤老化，对于女性减肥，也能发挥很好的效果。

苹果如果在冰箱里冷藏时间过久，不仅会失去原有的清香味，在口感上也会变得较差。

保存方法

苹果在和其他水果一起存放时，会释放出一种"乙烯"气体，可当作一种很好的催熟剂来使用。但是对于马铃薯而言，和苹果放在一起，非但不会加速其成熟，反而具有延缓其发芽的功效。

苹果在保存的时候，对周围环境很挑剔，如果要放在冷藏室内，一定要使用密封袋封存，并且将温度稍微调低一些。

甘甜的味道来自哪里？将苹果一切两半，会发现在苹果籽的周围，有一部分颜色略深，这就是通常所说的"甜味的来源"，也被人们称为"蜜"。待完全熟透后，苹果中的甜度会大为增加，在味道上也会变得越发香甜。

轻松挑选成熟苹果。随着苹果逐渐成熟，果皮会变得越来越红，底部也会由绿色转为黄色。根据品种的不同，完全成熟后的苹果，表面会分泌一种天然果蜡物质，对果皮可以发挥很好的保护作用。

小 食 谱

苹果炒猪肉
——减低胆固醇＋预防心脏病

食材

苹果………1个	猪肉………适量
大蒜………1瓣	盐、酱油……适量
白葡萄酒…半杯	橄榄油……适量

做法

① 苹果去皮去核，切丝；猪肉去筋，切丝后用酱油和盐腌渍。

② 热油锅，将切好的蒜片放入锅中炒香，再放入猪肉拌炒。

③ 猪肉6分熟时，在锅中倒入白葡萄酒调味，最后放入苹果丝翻炒即可。

营养好喝的蔬果汁搭配

苹果 ＋ 芹菜 ＋ 柠檬 ＝ 促进排便，减少人体多余脂肪

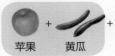
苹果 ＋ 黄瓜 ＋ 柠檬 ＝ 整肠利尿，排除身体毒素

苹果 ＋ 花椰菜 ＋ 橘子 ＋ 芹菜 ＝ 美肤嫩白，补血养颜

香蕉
Banana

分类：芭蕉科芭蕉属
原产地：东南亚
别名：甘蕉、芎蕉
最佳食用时期：全年

守护健康的"能量勇士"

作为一名能有效帮助肠道消化的能量勇士，香蕉获得众多运动健将的青睐，它能迅速补充体内因长时间运动而流失的矿物质！众所周知，香蕉内含有丰富的糖类，能在进入人体后，迅速转化成易于吸收的葡萄糖，对人体来说，是一种快速的能量来源。

另外，香蕉还具有抗氧化的功效。在所有的蔬菜水果中，它可以称得上是美白护肤的佼佼者！除此之外，也可以缓解动脉硬化，提高人体免疫力，益气安神，这些独特的功效，都令香蕉成为餐桌上的常客。

香蕉属于热带水果，如果放置在温度过低的环境中，则不利于持久保鲜。所以温度一旦低于摄氏13℃，不仅会长出黑斑，甚至口感也会变差。

香蕉品种

台湾香蕉

因为是台湾当地所产，故以此命名。也有人称它为"北蕉"或"仙人蕉"。主要特点为口感细密，气味清香。

烹调类香蕉

热带地区的人们经常食用的香蕉品种之一。不仅可以生吃，也可用来入菜。加热后，口感更接近于芋头。

保存方法

如果是刚买来的香蕉，需要先吊起来晾晒，经过1~2天，待它彻底熟透。再将每根香蕉从果柄处拔下来，用保鲜膜包好，放入冰箱的冷藏室内。

挑选香蕉时，以香蕉果柄没有受损，且整体呈现半圆形为佳。

如果香蕉表面出现"黑斑"，则须尽快食用。

小食谱

香蕉奶酪
——预防高血压＆心脏病

食材

香蕉………2根　　柠檬汁…2小匙
奶酪……2大匙　　蜂蜜……适量

做法

① 将香蕉去皮，切成3~5厘米大小的块状，再用柠檬汁充分浸泡。

② 在每段香蕉上放一些奶酪，如果喜欢口味略甜一些，可淋上蜂蜜。

营养好喝的蔬果汁搭配

 + + =
香蕉　　哈密瓜　　牛奶
降低血压，保持身体健康

 + + =
香蕉　　苦瓜　　苹果
瘦身美体，促进脂肪分解

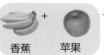 + + =
香蕉　　苹果　　优酪乳
润肠通便，排除毒素

葡萄
Grape

分类：葡萄科葡萄属
原产地：北非
别名：蒲桃、草龙珠

保存方法

将葡萄在干燥的状态下用纸包好，放进冰箱的冷藏室，2～3天内食用完毕即可，这样做不但不会造成营养成分流失，还能保持葡萄的鲜度。但如果冷藏的时间过长，葡萄的甜度会逐渐下降，口感会变得较差。

瞬间摆脱疲劳，恢复元气

用"汁多味美"来形容葡萄，应该是再贴切不过了！别看一粒葡萄体型虽小，可是却富含果糖和葡萄糖。因为这两种成分会在体内瞬间形成能量的来源，所以能够快速消除工作后的疲劳感，轻松恢复身体的元气！

提起葡萄，人们不免会想到葡萄酒。每天适量饮用葡萄酒，罹患心脏病的概率会大为降低。这是由于葡萄皮和葡萄籽中，含有一种抗氧化的酚类物质——白藜芦醇，经研究发现，它不仅具有抗氧化、防衰老的功效，对于治疗近视和缓解肝硬化，都有显著的效果。

有句俗谚"吃葡萄不吐葡萄皮"，从营养价值的角度来看，连皮带籽吃葡萄，可称得上是最营养的吃法。

葡萄的甜度是越靠近藤蔓部位越高，所以吃葡萄的时候，按照"从下往上"的顺序品尝，可以感受到不同的甜度。

抗氧化高手——葡萄皮和葡萄籽。葡萄皮和葡萄籽中蕴含丰富的酚类物质——白藜芦醇，因此具有超高的抗氧化能力，既健脾又养胃。如果我们把葡萄经过一连串加工，制成葡萄干，它的营养成分非但没有降低，反而会大大增加，这又是怎么一回事？原因就在于经过加工后的葡萄，其所含的矿物质会被大量释放，进入人体后又能充分被吸收。所以常吃葡萄干的人，患贫血和骨质疏松的概率会低很多。

小食谱

葡萄番茄汁
—— 美肤防癌 + 喝出健康

食材

葡萄…………100克
番茄…………100克
红葡萄酒……3大匙

做法

① 番茄去蒂，洗净后切块；葡萄分成一粒一粒，和番茄一起放入冰箱的冷冻室中。
② 从冷冻室内取出葡萄和番茄，分别放入榨汁机中，并淋上红葡萄酒，搅匀后即可饮用。

营养好喝的蔬果汁搭配

 +  +
葡萄　　　柠檬　　　卷心菜　＝

缓解青春痘，使皮肤细致光泽

 + 　+ +
葡萄　　黑芝麻　　苹果　酸奶　＝

抗氧化，预防肌肤老化

 + +
葡萄　　胡萝卜　　酸奶　＝

降低血压，预防癌症

草莓
Strawberry

分类：蔷薇科草莓属
原产地：美洲
别名：洋莓、地莓

保存方法

如果想保鲜，就不要清洗草莓，直接用保鲜膜包起来，放在冰箱的冷藏室里即可。如果希望隔几天再吃冰镇草莓，须事先去除蒂部，用清水冲洗后，裹上一层白砂糖，再放进冷冻室里，不仅可以保持草莓的鲜度，更能有效防止因一拿一放导致其表面被划伤。

随时补充体内流失的维生素C

多数人一看到草莓，就会立即被它诱人的心形外表所吸引，只是闻到它散发出的浓郁果香，便恨不得能立刻咬上一口。别看草莓的体型小，其中却蕴含丰富的营养物质，例如维生素C、叶酸等。如果每天都能吃7颗草莓的话，不仅可以补充体内流失的维生素C，还可以有效预防感冒，增加胃肠蠕动，帮助肠道消化。

除此之外，对于爱美的女孩子来说，草莓可称得上是紧致肌肤的好帮手，因草莓可以唤醒肌肤深层的细胞活力，减少因胶原蛋白流失而产生的皱纹。此外，它还可有效抑制黑色素形成。

草莓的蒂部呈绿色，完全熟透的草莓，该部分会略微向下弯曲。如果蒂部尚未出现枯萎的现象，表示草莓很新鲜！

判断草莓是否完全熟透，有一个小诀窍：观察连接蒂部的果实表面，如果呈现红色，说明这颗草莓已完全熟透。

草莓果肉，指的是表面疙瘩的部分，而其周围的红色，则称为"花床"。

草莓菊苣沙拉
——提高免疫力 + 美肌护肤

食材

草莓……………5颗　　菊苣……………5株
橄榄油…2大匙　　白葡萄酒…1大匙
苹果醋…1大匙　　盐、胡椒粉…少许
白砂糖…适量

做法

① 草莓压碎，淋上橄榄油、苹果醋、白葡萄酒，撒上盐和胡椒粉。如果觉得甜度不够，可撒上一些白糖。
② 将菊苣切成易于咀嚼的大小，和草莓充分搅拌，使味道充分浸透。

营养好喝的蔬果汁搭配

草莓 + 葡萄 + 酸奶 = 促进新陈代谢，消除疲劳

草莓 + 苹果 + 胡萝卜 + 柠檬 = 减肥美体，护肤养颜

草莓　韭菜 + 菠萝　葡萄柚 + 柠檬 = 缓解便秘，预防皮肤水肿

柑橘类
Citrus fruits

分类：芸香科柑橘属
原产地：中国

果皮也是最好的"药"

柑橘类是在一年四季中都可以品尝到的水果之一。其果肉不仅富含多种维生素，甚至连果皮和果肉间的橘络，都有增强毛细血管弹性、预防动脉硬化的功效。除此之外，其中所含的纤维和果胶物质，可促进肠道蠕动，有利于清肠通便，排除体内有害物质。橙皮味甘苦而性温，止咳化痰功效胜过陈皮，是治疗感冒咳嗽、食欲不振、胸腹胀痛的良药。

特别是中国温州所产的柑橘，因为富含更多的营养物质，可以加速体内脂肪的分解，对女孩减肥塑身有相当不错的功效。

柑橘类品种

夏橙
一般被当地人称为"橘子"，主要产于美国，特点是汁多味美。

濑户柑
果皮光滑有质感，皮薄汁多且甜味足，比起温州柑，其果实略大。

血橙
果肉呈如血液的鲜红色，汁多。

脐橙
名称主要源于英文中"Navel"之意。底部有个圆圆的凸起，是这类柳橙的主要特征，一般在每年的2、3月上市。

果形中等的柑橘，甜度略高些。

好的柑橘，一般果皮颜色鲜亮。

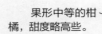

小食谱

橙香红葡萄酒
——预防感冒＋打造美肌

食材

柳橙………1个　　　红葡萄酒…1杯
苹果……半个　　　蜂蜜……1小匙
薄荷……适量

做法

① 水果充分洗净，半个柳橙先榨成汁，另一半带皮切成小块。
② 苹果带皮切成小块。
③ 将做法①和②一同放入榨汁机中，依序倒入红葡萄酒和蜂蜜，榨汁后倒入玻璃杯中，用薄荷做装饰。

营养好喝的蔬果汁搭配

柳橙　＋　草莓　＋　鲜奶　＝　纤体丰胸，改善干燥肌肤

柳橙　＋　猕猴桃　＋　酸奶　＝　皮肤洁净白皙

橘子　＋　菜花　＋　苹果　＋　芹菜　＝　安神降压，清热解毒

猕猴桃

Kiwi fruit

分类：猕猴桃科猕猴桃属
原产地：中国
别名：奇异果

"维生素C之王"令肌肤晶莹剔透

酸酸甜甜的味道，入口即化的口感，猕猴桃凭借它独特的风味，赢得众多女性的芳心；另一方面，其丰富的维生素C和维生素E、膳食纤维、钾等营养物质，不仅可预防感冒的侵袭，还能防止高血压、老年人便秘等病症。

一颗猕猴桃的维生素C含量是柠檬的2倍多，它和维生素E共同作用，能有效提升体内抗氧化的能力，使女性肌肤保持晶莹剔透，远离皱纹和黑色素的袭击。除此之外，猕猴桃中含有一种可以有效分解体内蛋白质的酶，在摄取大量的肉食后，吃1~2个猕猴桃，不仅能够促进肠胃消化，还能够平衡体内的酸碱值。

保存方法

猕猴桃是很耐储存的水果之一。一般放入冰箱3~4个月都没问题。刚从超市买来的猕猴桃，很有可能还未完全熟透，如果和香蕉、苹果等放在一起，可以达到催熟的效果。

猕猴桃的种类

黄金猕猴桃

果肉的颜色偏黄且甜味重，顶部有个突出的尖嘴。

彩虹红心猕猴桃

果肉由淡黄色逐渐变为绿色和深红色。酸味略淡，主要以甜味为主。产于日本静冈、福冈县。

迷你猕猴桃

成熟的果实大约为3厘米左右，主要产于美国，果皮很薄，没有茶色的绒毛类物质。

完全熟透的猕猴桃，握在手中应有很柔软的感觉。

表皮中的绒毛颜色，呈现均一的茶色。

小食谱

猕猴桃煎猪排

——促进消化＋提升肠胃蠕动

食材

猪排………2份　　猕猴桃……2个
盐、酱油…少许　　橄榄油……适量

做法

① 猕猴桃去皮，果肉压碎；猪排用盐和酱油腌渍入味。
② 煎锅中放入橄榄油，待油8分热时，放入猪排煎熟。
③ 盛盘淋上压碎的果肉即可。

营养好喝的蔬果汁搭配

猕猴桃 ＋ 梨 ＋ 柠檬 ＝ 缓解便秘，焕颜瘦身

猕猴桃 ＋ 柳橙 ＝ 调节肠道，清除宿便

猕猴桃 ＋ 牛奶 ＋ 桑葚 ＝ 润肤美容，延缓衰老

番茄
Tomato

分类：茄科茄属
原产地：南美洲
别名：西红柿、小金瓜

抗氧化的超级蔬果

说到番茄，除了酸酸甜甜的口感外，果皮上的大量番茄红素，也是不能忽略的一个重点。可别小看这薄薄的一层果皮，功效可大着呢！它不仅可以抑制体内黑色素的形成，其超强的抗氧化能力，还可预防动脉硬化和癌症等疾病。

除此之外，番茄独特的味道，获得许多家庭主妇的青睐。它不仅可以去除鱼虾的腥臭味，还可以制成番茄酱当作调味料使用，真可谓一举多得！

番茄红素和维生素E的完美组合

想要充分发挥番茄中茄红素的功效，最好搭配芝麻、花生这类含有维生素E的物质，两种食材用油加热烹调，会比生食效果更佳；番茄中还含有能加速维生素C活性的物质，与含有维生素C的食材搭配，可以发挥美白肌肤的特殊功效。果皮部分也富含营养，不要因为口感欠佳就随意丢弃。

保存方法

如果需要冷冻，将番茄一整个放入冰箱即可。

在超市挑选番茄时要注意，如果蒂部呈现明显黑色，表示这颗番茄经过人工催熟！

拿起来感觉一下番茄的重量，如果稍重，则表示其中的含糖量很高。

小食谱

番茄面
——预防癌症＋养颜美容

食材
番茄(大)…2个　　面条……2人份
面汤…300毫升　　橄榄油……适量

做法
① 番茄切丁。
② 将番茄丁放入面汤中，加入橄榄油煮滚。
③ 放入煮好的面条即可。

营养好喝的蔬果汁搭配

 + = 　润肤护肝，预防癌症

番茄　　蜂蜜

 + + 　润泽肌肤，净化血液

番茄　　青椒　　柠檬

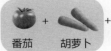 + + 　润肤美容，延缓衰老

番茄　　胡萝卜　　山竹

小黄瓜
Cucumber

分类：葫芦科胡瓜属
原产地：印度
别名：花胡瓜、胡瓜

消暑凉拌佳蔬

　　和其他的葫芦科蔬菜一样，小黄瓜不仅含有维生素C、胡萝卜素和多种矿物质，其中的钾含量也相当高，有利于人体内的钾钠离子平衡，还有利尿、保持血压平衡的作用。

　　小黄瓜不仅可以生吃，也可以腌制成多种口味的咸菜。如果和谷物类一起食用，还可以大大提升人体对钾的吸收。

生吃别忘蘸点醋

　　小黄瓜里含有一种坏血酸氧化酶，在一定程度上会破坏维生素C的分子结构，降低人体对某些营养物质的摄取。这时不妨蘸点醋，因为醋可以抑制酶的活性，达到保护维生素C的作用。

　　市面上看到的"酸黄瓜"，就是一种很好的健康食品，不仅保留了小黄瓜的所有营养物质，还添加维生素B$_1$，有助于缓解工作后的疲劳感。

保存方法

　　低温和干燥的环境，不利于小黄瓜持久保鲜。最好选用潮湿的报纸把它包起来，再放入冰箱的冷藏室内。切开的黄瓜水分流失得很快，切开后最好立刻吃完。

小黄瓜表皮有刺状物突起，一般称为"刺"，其实它对小黄瓜有重要的保护作用。带"刺"的黄瓜果皮略微发软，而不带"刺"的黄瓜果皮很硬。

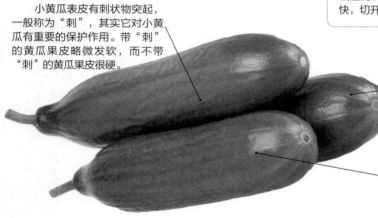

小黄瓜的底部是农药的集聚地，在削皮时，要多削去一些。

如果买回来的小黄瓜体型不均，中间细、底端粗，则代表小黄瓜内的大部分水分集中在下方。

小食谱

黄瓜裙带菜
——降低血压 + 缓解疲劳

食材

小黄瓜…2根　　　水发裙带菜…30克
米醋…1大匙　　　姜丝…………适量

做法

① 将小黄瓜洗净，切成小段；裙带菜先用热水汆烫，再放入凉水中冷却。
② 用米醋将小黄瓜、裙带菜充分搅拌。
③ 盛盘后，撒上姜丝即可食用。

营养好喝的蔬果汁搭配

 + + 柠檬 = 　滋润皮肤，缓解青春痘

小黄瓜　木瓜　柠檬

 + 苹果 + 柠檬 = 　延缓衰老，保持身材苗条

小黄瓜　苹果　柠檬

 + 西瓜 + 玫瑰花 + 柠檬 = 　改善皮肤黯沉

小黄瓜　西瓜　玫瑰花　柠檬

第一章

清体

排毒净化蔬果汁

现榨蔬果汁，除了能保留蔬菜水果的原汁原味，也能保存完整的纤维素和营养成分，可以有效帮助人体排除废物及脏腑中的毒素，达到清除体内垃圾的目的，而且也能够减缓压力、安稳睡眠，让你轻松瘦身。

排除宿便：宿便是肥胖根源

西瓜苹果梨汁

● 祛火排毒 + 清热消暑

蔬果汁热量 **153kcal/100ml**
操作方便度 ★★★☆☆
推荐指数 ★★★★☆

食材准备

梨………1 个   西瓜……150 克
苹果……1 个   柠檬………30 克
冰块……少许

料理方法

① 梨和苹果洗净、去核、切块；西瓜洗净、去皮，切块；柠檬洗净切块；
② 梨、苹果和柠檬放入榨汁机中榨汁；将果汁倒入果汁机中，加西瓜和冰块搅匀即可。

饮用功效

西瓜的营养十分丰富，除含有大量的水分外，还含有多种维生素、矿物质、果糖等。中医认为，西瓜有清热消暑、缓解便秘、治疗口疮等功效，利于排毒，故有"天生白虎汤"之称。

Tips: 榨汁时加柠檬和凤梨，口感更佳。

营养成分

以 100ml 可食蔬果汁计算

膳食纤维	蛋白质	脂肪	碳水化合物
2.9 克	1.4 克	0.7 克	31.4 克
维生素 B$_1$	维生素 B$_2$	维生素 E	维生素 C
0.2 毫克	0.2 毫克	5.1 毫克	23 毫克

科学食用宜忌

宜 西瓜买回来后应尽快食用。

忌 西瓜不可多吃，否则易伤脾胃，甚至引起腹泻，导致食欲下降。

综合三果汁

● 缓解便秘 + 预防癌症

蔬果汁热量 **90.9kcal/100ml**
操作方便度 ★★★☆☆
推荐指数 ★★★★☆

食材准备

无花果…1 个   猕猴桃…1 个
苹果……1 个   冰块……少许

料理方法

① 无花果去皮，对切为二；猕猴桃去皮、切块；苹果洗净、去核、切块；
② 将材料混合后放入榨汁机中榨汁；果汁中加入少许冰块即可。

饮用功效

无花果含有柠檬酸、蛋白酶和多种矿物质、维生素等，能帮助消化、防治高血压、提高免疫力，其果汁还能有效预防胃癌、肝癌的发生；无花果中含有多种果酸，有消炎除肿的功效。

Tips: 常喝此道果汁，还有缓解肾脏病、痔疮症状的功效。

营养成分

以 100ml 可食蔬果汁计算

膳食纤维	蛋白质	脂肪	碳水化合物
0.4 克	3.6 克	10.8 克	9.9 克
维生素 B$_1$	维生素 B$_2$	维生素 E	维生素 C
0.1 毫克	0.2 毫克	0.7 毫克	96.4 毫克

科学食用宜忌

宜 无花果应立即洗净食用，而干品则应密封保存。

忌 心脑血管疾病、脂肪肝患者不宜食用无花果；大便稀薄者也不宜生食之。

草莓花椰汁

● 通便利尿 + 调节情绪

蔬果汁热量 **60.1kcal/100ml**

操作方便度 ★★★★☆
推荐指数 ★★★★★

营养成分

以 100ml 可食蔬果汁计算

膳食纤维	蛋白质	脂肪	碳水化合物
1.7 克	2.4 克	0.5 克	10.3 克
维生素 B$_1$	维生素 B$_2$	维生素 E	维生素 C
0.1 毫克	0.1 毫克	0.9 毫克	96.4 毫克

草莓档案

产地	性味	归经	保健作用
山东 河北	性寒凉 味甘酸	肺、脾经	防癌、增强 免疫力

成熟周期：　　　　　　　　　　　　　　　　　　当年 ◀

结果 结果

1月 2月 3月 4月 **5月 6月** 7月 8月 9月 10月 11月 12月

1月 2月 3月 4月 5月 6月 7月 8月 9月 10月 11月 12月

　　　　　　　　　　　　　　　　　　　　　　　　次年 ◀

食材准备

草莓…………20 克　　柠檬…………50 克
香瓜………300 克　　冰块…………50 克
花椰菜………80 克

🍴 料理方法

① 草莓洗净。
② 香瓜洗净削皮、切块；花椰菜洗净、切块；柠檬洗净、切片。
③ 将草莓、香瓜、花椰菜放入榨汁机中榨成汁。
④ 再加入柠檬榨汁，加入冰块即可。

📷 饮用功效

　　此饮品中的草莓富含多种营养素，具有防癌，增加免疫力的功效。经常饮用此道蔬果汁能利尿、通便，还可以改善不良情绪。

👩‍⚕️ 草莓的挑选小窍门

　　挑选草莓时，一定要避免买到畸形草莓。有些草莓虽颜色鲜艳颗粒大，但颗粒上有畸形凸起，吃起来味道比较淡，而且果实中间有空心。这种畸形草莓往往是在种植过程中，被滥用生长激素而长成，若长期大量食用，可能会损害人体健康。

甜瓜优酪乳

● 消除便秘＋增强代谢

蔬果汁热量 **215kcal/100ml**

操作方便度 ★★★★☆
推荐指数 ★★★★☆

食材准备

甜瓜…………100 克 　　蜂蜜………30 克
酸奶…………300 克

料理方法

① 将甜瓜洗干净，去掉皮。
② 将去皮后的甜瓜切块，切成可放入榨汁机的大小。
③ 放入榨汁机中榨成汁。
④ 将果汁倒入容器中，加入酸奶、蜂蜜，搅拌均匀即可。

饮用功效

　　此果汁具有利尿、消除便秘的功效。酸奶能帮助消化、促进食欲，加强肠的蠕动和机体代谢，对改善便秘症状有很好的疗效；加上甜瓜的甜味，酸甜适中，风味独特。

甜瓜的挑选小窍门

　　在挑选甜瓜时要注意比较一下果柄，如果果柄过粗，可能这个瓜沾了较多的生长素，口味自然差。好瓜的果柄既新鲜，又相对要细一些。

营养成分

以 100ml 可食蔬果汁计算

膳食纤维	蛋白质	脂肪	碳水化合物
0.4 克	3.6 克	10.8 克	9.9 克
维生素 B$_1$	维生素 B$_2$	维生素 E	维生素 C
0.1 毫克	0.2 毫克	0.7 毫克	96.4 毫克

甜瓜档案

产地	性味	归经	保健作用
山东 河南	性寒 味甘	心、胃经	消除便秘 利尿止渴

成熟周期：

结果 结果

当年 ◀

| 1月 | 2月 | 3月 | 4月 | 5月 | 6月 | 7月 | 8月 | 9月 | 10月 | 11月 | 12月 |

| 1月 | 2月 | 3月 | 4月 | 5月 | 6月 | 7月 | 8月 | 9月 | 10月 | 11月 | 12月 |

次年 ◀

香梨猕猴桃汁

● 润肠通便＋软化血管

蔬果汁热量 90kcal/100ml

操作方便度 ★★★☆☆
推荐指数 ★★★★☆

食材准备

梨…………1 个　　　猕猴桃…………1 个
柠檬…………1 个　　　冰块…………少许

🍳 料理方法

① 猕猴桃洗净，削皮后切成块。
② 梨洗净，去皮、核，切成小块；柠檬洗净切片。
③ 将梨、猕猴桃、柠檬放入榨汁机中榨汁。
④ 依个人喜好加入冰块即可。

🥤 饮用功效

　　此饮品保留水果的原味，猕猴桃营养丰富，对消化不良有一定的改善作用；而梨水分充足，能软化血管，对缓解大便燥结有一定的功效。

营养成分

以 100ml 可食蔬果汁计算

膳食纤维	蛋白质	脂肪	碳水化合物
4.5 克	1.6 克	1.3 克	12.7 克

蜜桃香瓜汁

● 强心固肾＋缓解便秘

蔬果汁热量 96kcal/100ml

操作方便度 ★★★☆☆
推荐指数 ★★★★☆

食材准备

桃子…………150 克　　　香瓜…………200 克
柠檬…………30 克　　　冰块…………50 克

🍳 料理方法

① 桃子洗净，去皮、核，切块。
② 香瓜去皮，切块；柠檬洗净，切片。
③ 将桃子、香瓜、柠檬放进榨汁机中榨出果汁。
④ 将果汁倒入杯中，加入少许冰块即可。

🥤 饮用功效

　　此饮品可缓解便秘，还有利尿的功效。可改善肾病、心脏病。依个人口味和喜好，也可以加入白糖或蜂蜜调味。

营养成分

以 100ml 可食蔬果汁计算

膳食纤维	蛋白质	脂肪	碳水化合物
1.7 克	1.6 克	0.9 克	19.3 克

酪梨蜜桃汁

● 通便利尿 + 轻体瘦身

蔬果汁热量 **90kcal/100ml**

操作方便度 ★ ★ ★ ☆ ☆
推荐指数 ★ ★ ★ ★ ☆

食材准备

酪梨……………100 克　　　柠檬…… ……30 克
水蜜桃…… ……150 克　　　牛奶…………适量

料理方法

① 将酪梨和水蜜桃洗净，去皮、核。
② 柠檬洗净，切成小片。
③ 将酪梨、水蜜桃、柠檬放入榨汁机内榨汁。
④ 将果汁倒入容器中，加入牛奶，搅匀即可。

饮用功效

　　此饮品具有滋养五脏、柔软肌肤、通便利尿的功效，对排出体内毒素有一定帮助。

营养成分		以 100ml 可食蔬果汁计算	
膳食纤维	蛋白质	脂肪	碳水化合物
2.6 克	3 克	16.1 克	13.7 克

白菜苹果汁

● 排除毒素 + 强身健体

蔬果汁热量 **70.5kcal/100ml**

操作方便度 ★ ★ ★ ☆ ☆
推荐指数 ★ ★ ★ ★ ☆

食材准备

苹果…… ……150 克　　　柠檬………30 克
白菜…… ……100 克　　　冰块…… ……少许

料理方法

① 苹果洗净，去核，切块；白菜洗净，卷成卷；柠檬连皮切成 3 块。
② 先把带皮的柠檬用榨汁机压榨成汁，再放入白菜和苹果，压榨成汁。
③ 在蔬果汁中加入冰块，再依个人口味调味即可。

饮用功效

　　此饮品可缓解便秘，排出体内的毒素。榨汁时切去白菜的茎，保留白菜叶子较容易榨汁。

营养成分		以 100ml 可食蔬果汁计算	
膳食纤维	蛋白质	脂肪	碳水化合物
1.7 克	0.9 克	0.4 克	14.9 克

生活智慧王
　　毛豆橘子奶在制作时，先将毛豆用开水焯一下，可以使毛豆的颜色看起来更加碧绿，榨出的汁色泽更诱人。

石榴苹果汁

● 清理肠胃＋缓解便秘

蔬果汁热量 **137kcal/100ml**
操作方便度 ★★★★☆
推荐指数 ★★★★☆

食材准备

苹果……100 克　　石榴……80 克
柠檬……30 克　　冰块……适量

🔥 料理方法

① 石榴去皮，取出果实；苹果洗净，去核，切块。
② 将苹果、石榴依次放进榨汁机内榨汁。
③ 加入柠檬榨汁，并向果汁中加入少许冰块即可。

饮用功效

　　石榴有明显的收敛作用和良好的抑菌作用，是治疗腹泻、出血、感冒的佳品。而石榴汁是一种比红酒、番茄汁、维生素 E 等更有效的抗氧化果汁。

Tips： 此果汁可清理肠胃，缓解便秘。

营养成分

以 100ml 可食蔬果汁计算

膳食纤维	蛋白质	脂肪	碳水化合物
5.9 克	2 克	1.1 克	30.2 克
维生素 B_1	维生素 B_2	维生素 E	维生素 C
0.1 毫克	0.1 毫克	7 毫克	37 毫克

科学食用宜忌

宜 妇女怀孕期间多喝石榴汁，可以降低胎儿大脑发育受损的概率。
忌 石榴酸涩有收敛作用，多食会伤肺损齿。感冒及急性盆腔炎、尿道炎等患者慎食。

毛豆橘子奶

● 通便利尿＋帮助消化

蔬果汁热量 **90.9kcal/100ml**
操作方便度 ★★★☆☆
推荐指数 ★★★★☆

食材准备

毛豆……80 克　　鲜奶……250 毫升
橘子……150 克　　冰糖……少许

🔥 料理方法

① 将毛豆洗净，用水煮熟；橘子剥皮，去内膜，切成小块。
② 将所有材料倒入果汁机内搅拌 2 分钟即可。

饮用功效

　　毛豆含有丰富的蛋白质、矿物质以及微量元素，可与动物性蛋白质媲美，能促进人体生长发育、新陈代谢，是维持健康活力的重要元素。毛豆中的纤维素还可促进肠胃蠕动，有利消化和排泄。

Tips： 此道饮品可安定心神，刺激肾脏排出有毒物质，减少脂肪在血管中堆积。

营养成分

以 100ml 可食蔬果汁计算

膳食纤维	蛋白质	脂肪	碳水化合物
3 克	15.7 克	7.1 克	39.3 克
维生素 B_1	维生素 B_2	维生素 E	维生素 C
0.1 毫克	0.1 毫克	1.8 毫克	25.6 毫克

科学食用宜忌

宜 想要让煮完的毛豆颜色看起来更翠绿，可以在水中加一勺盐。
忌 毛豆不适合痛风、尿酸过高者食用。

香柚菠萝草莓汁

● 改善便秘 + 降压祛湿

蔬果汁热量 75kcal/100ml

操作方便度 ★★★☆☆
推荐指数 ★★★★☆

营养成分

以 100ml 可食蔬果汁计算

膳食纤维	蛋白质	脂肪	碳水化合物
2.7 克	2.5 克	0.6 克	13.9 克
维生素 B_1	维生素 B_2	维生素 E	维生素 C
0.2 毫克	0.2 毫克	2.2 毫克	66 毫克

草莓档案

产地	性味	归经	保健作用
山东 河北	性寒凉 味甘酸	肺、脾经	防癌、增强免疫力

成熟周期：

当年 ◀

结果 结果
1月 2月 3月 4月 **5月 6月** 7月 8月 9月 10月 11月 12月

1月 2月 3月 4月 5月 6月 7月 8月 9月 10月 11月 12月

次年 ◀

食材准备

菠萝…………100 克　　葡萄柚………80 克
草莓…………5 个　　　柠檬…………20 克
韭菜…………50 克

料理方法

① 草莓洗净，去蒂；菠萝去皮，切块；葡萄柚去外皮、去瓤与籽。
② 韭菜洗净，切段备用。
③ 草莓、菠萝、葡萄柚、柠檬放入榨汁机榨汁。
④ 韭菜折弯，放入榨汁机内榨汁。
⑤ 混合几种汁液，再加入少许冰块即可。

饮用功效

　　此饮可缓解高血压，帮助身体排出多余水分，进而防止水肿，并改善便秘症状。另外，对皮肤晒伤也有一定的恢复作用。

菠萝的挑选小窍门

　　菠萝果皮呈橙黄且略带红色，有光泽的果实生长发育较成熟，口味也甜。另外菠萝顶部的叶子要青翠鲜绿，这表示菠萝在生长过程中日照良好，吃起来会香甜多汁。

蜂蜜苦瓜姜汁

● 清热降火 + 排毒瘦身

蔬果汁热量 **24.7kcal/100ml**

操作方便度 ★★★★☆
推荐指数 ★★★★★

食材准备

苦瓜…………50 克   蜂蜜…………10 克
柠檬…………30 克   冰块…………适量
姜 …………… 7 克

料理方法

① 将苦瓜洗净，对切为二，去籽，切小块备用。
② 柠檬去皮，切小块；姜洗净，切片。
③ 将苦瓜、姜、柠檬依次放进榨汁机榨出汁，
   加入蜂蜜调匀。
④ 蔬果汁倒入杯中，加入冰块即可。

饮用功效

　　此饮品具有清热解暑、滋润皮肤的作用，
每日早晚各饮一杯，可以改善失眠症状。同时，
苦瓜对于肥胖人士来说减肥颇有功效。

苦瓜的挑选小窍门

　　苦瓜身上的果瘤颗粒是判别苦瓜好坏的标
准。颗粒愈大愈饱满，表示瓜肉愈厚；颗粒愈小，
瓜肉则相对较薄。

营养成分

以 100ml 可食蔬果汁计算

膳食纤维	蛋白质	脂肪	碳水化合物
3 克	0.8 克	0.3 克	2.7 克
维生素 B_1	维生素 B_2	维生素 E	维生素 C
0.2 毫克	0.1 毫克	0.6 毫克	66.9 毫克

苦瓜档案

产地	性味	归经	保健作用
广西 广东	性寒 味苦	胃、心、肝经	清热解暑 明目解毒

成熟周期：

结果 结果 结果   当年 ◀

| 1月 | 2月 | 3月 | 4月 | 5月 | 6月 | 7月 | 8月 | 9月 | 10月 | 11月 | 12月 |

| 1月 | 2月 | 3月 | 4月 | 5月 | 6月 | 7月 | 8月 | 9月 | 10月 | 11月 | 12月 |

次年 ◀

南瓜椰奶

● 排毒消脂 + 预防脱发

蔬果汁热量 **49kcal/100ml**

操作方便度 ★★★★☆
推荐指数 ★★★★★

 食材准备

南瓜…………100 克　　　红糖…………2 汤匙
椰奶…………50 毫升

料理方法
① 将南瓜去皮，切成丝，用水煮熟后捞起沥干。
② 将所有材料放入搅拌机内，加水 350 毫升
　 搅拌成汁即可。
③ 可加入红糖调味。

饮用功效
　　经常饮用此饮品可帮助身体排毒，预防脱发、便秘。

营养成分		以 100ml 可食蔬果汁计算	
膳食纤维	蛋白质	脂肪	碳水化合物
0.8 克	2.2 克	1.8 克	6.6 克

草莓芜菁香瓜汁

● 整肠消食 + 疏肝解郁

蔬果汁热量 **90.5kcal/100ml**

操作方便度 ★★★☆☆
推荐指数 ★★★★☆

食材准备

草莓…………20 克　　　柠檬…………30 克
大头菜…………50 克　　冰块…………适量
香瓜…………100 克　　盐…………适量

料理方法
① 将草莓洗净，去蒂；大头菜洗净，根和叶切开；
　 香瓜洗净，去皮、籽，切块；柠檬切片。
② 将草莓、香瓜、柠檬，放入榨汁机。
③ 大头菜叶折弯后榨成汁。
④ 混合几种汁液，再加入冰块及盐调味即可。

饮用功效
　　草莓含有丰富的果胶和膳食纤维，可促进胃肠蠕动，而大头菜有开胃、消食的功效。用草莓和大头菜榨制而成的果汁可缓解便秘，改善胃肠病、肝病症状等。

营养成分		以 100ml 可食蔬果汁计算	
膳食纤维	蛋白质	脂肪	碳水化合物
1.7 克	1.6 克	0.9 克	19.3 克

葡萄花椰梨汁

● 改善便秘 + 缓解胃病

蔬果汁热量 **42kcal/100ml**

操作方便度 ★★★☆☆
推荐指数 ★★★★☆

食材准备

葡萄…………150 克
花椰菜…………50 克
白梨…………50 克
柠檬…………30 克
冰块…………适量

🔥 料理方法

① 葡萄洗净，去皮、籽；花椰菜洗净，切小块；白梨洗净，去果核，切小块。
② 将葡萄、花椰菜、白梨放入榨汁机内榨汁。
③ 柠檬洗净放入榨汁机中榨汁。
④ 往果汁中加入少许柠檬汁和冰块搅匀即可。

🥛 饮用功效

此饮品可改善便秘，缓解胃肠病。

营养成分

以 100ml 可食蔬果汁计算

膳食纤维	蛋白质	脂肪	碳水化合物
4 克	2.1 克	1 克	7 克

香芹葡萄菠萝汁

● 清理肠道 + 降压排毒

蔬果汁热量 **53.8kcal/100ml**

操作方便度 ★★★☆☆
推荐指数 ★★★★☆

食材准备

葡萄…………100 克
香芹…………60 克
菠萝…………90 克
柠檬…………20 克
冰块…………适量

🔥 料理方法

① 葡萄洗净，去皮、籽；菠萝去皮，切块。
② 柠檬洗净后切片；香芹洗净，切段。
③ 将葡萄、香芹、菠萝、柠檬放入榨汁中榨汁。
④ 将果汁移入杯中，加入冰块即可。

🥛 饮用功效

此饮品中香芹的粗纤维可排除肠道内的垃圾，能有效地防止便秘，还可缓解高血压，对肝、肾病也有一定疗效。

营养成分

以 100ml 可食蔬果汁计算

膳食纤维	蛋白质	脂肪	碳水化合物
2.7 克	1.2 克	0.7 克	10.6 克

生活智慧王

　　在制作双果柠檬汁时，需要使用
人参果，而人参果不容易存放，因此
应该随用随买，不要大量囤积。

双果柠檬汁

● 调节肠胃 + 预防便秘

蔬果汁热量 **49kcal/100ml**

操作方便度 ★★★★☆
推荐指数 ★★★★☆

食材准备

芒果………100 克　　　冰块………适量
柠檬………30 克　　　冷开水……100 毫升
人参果……100 克

料理方法

① 将芒果与人参果洗净，去皮、去籽，切小块，放入果汁机榨汁。

② 将柠檬洗净，切成块，放入榨汁机中榨汁。

③ 将柠檬汁、冰块、冷开水与芒果、人参果汁搅匀即可。

饮用功效

　　人参果是一种高蛋白、低脂肪、低糖的水果，富含多种维生素、矿物质和微量元素以及各种人体必需的氨基酸等。食用人参果对人体十分有益，具有防治糖尿病、心脏病、调节血脂的功效。

Tips: 常饮此果汁可调节肠胃功能，预防便秘。

营养成分

以 100ml 可食蔬果汁计算

膳食纤维	蛋白质	脂肪	碳水化合物
3.1 克	0.9 克	0.6 克	15.9 克
维生素 B₁	维生素 B₂	维生素 E	维生素 C
0.1 毫克	0.1 毫克	1.2 毫克	29 毫克

科学食用宜忌

（宜）人参果含水量高，经常食用可通小便、消暑解渴。

（忌）人参果不易保存，不要长时间存放。

甘蔗番茄汁

● 消暑解渴 + 通便利尿

蔬果汁热量 **128kcal/100ml**

操作方便度 ★★★☆☆
推荐指数 ★★★★☆

食材准备

甘蔗……200 克　　　番茄……100 克

料理方法

① 甘蔗去皮，放入榨汁机中榨汁。

② 番茄洗净，切块，放入榨汁机内榨汁。

③ 将甘蔗汁与番茄汁倒入搅拌机中搅匀即可。

饮用功效

　　甘蔗味甘、性寒，入肺、脾、胃经，具有清热、生津及解酒之功效。甘蔗汁可消暑解渴、通便利尿，为夏暑秋燥的良药。甘蔗汁还可与其他药物配伍用作民间验方。

Tips: 此饮品可改善胃热口苦等症，对消化道也有一定的保护作用。脾胃虚寒者不宜饮用。

营养成分

以 100ml 可食蔬果汁计算

膳食纤维	蛋白质	脂肪	碳水化合物
1.2 克	0.8 克	0.2 克	30.8 克
维生素 B₁	维生素 B₂	维生素 E	维生素 C
0.1 毫克	0.1 毫克	—	4 毫克

科学食用宜忌

（宜）番茄具有预防癌症的作用，当作水果吃口感更好。

（忌）甘蔗是一种季节性很强的食品，不适合在春季食用。

雪梨香蕉苹果汁

● 消除疲劳 + 排毒养颜

蔬果汁热量 **124.6kcal/100ml**

操作方便度 ★★★★☆
推荐指数 ★★★☆☆

营养成分

以 100ml 可食蔬果汁计算

膳食纤维	蛋白质	脂肪	碳水化合物
3.2 克	1.5 克	33.4 克	10.7 克
维生素 B_1	维生素 B_2	维生素 E	维生素 C
0.2 毫克	0.2 毫克	5.2 毫克	13.5 毫克

白梨档案

产地	性味	归经	保健作用
河北 山东	性凉 味甘酸	肺、胃经	止咳化痰 除烦解渴

成熟周期：

结果 结果 结果 当年

1月 2月 3月 4月 5月 6月 7月 8月 9月 10月 11月 12月

1月 2月 3月 4月 5月 6月 7月 8月 9月 10月 11月 12月

次年

食材准备

白梨…………100 克　　葡萄柚………80 克
苹果…………100 克　　柠檬…………20 克
香蕉………50 克　　冰块…………少许
蜂蜜………30 克　　冷开水……适量

料理方法

① 将白梨、苹果洗净，切块；香蕉剥皮后切块。
② 将白梨和苹果块倒入榨汁机中，加冷开水榨成汁。
③ 将果汁倒入杯中，加入香蕉及蜂蜜。
④ 把所有食材一起放入果汁机搅拌成汁，再加入适量冰块即可。

饮用功效

此饮品具有消除疲劳、改善便秘、排毒养颜的功效。

白梨的挑选小窍门

选梨时，一定要先挑选表皮细腻、没有虫蛀和破皮的，且其外形要饱满，大小适中，没有畸形和损伤。

木瓜牛奶蜜

● 健脾和胃 + 护肝排毒

蔬果汁热量 **123.6kcal/100ml**

操作方便度 ★★★★☆
推荐指数 ★★★★☆

食材准备

木瓜…………150 克　　蜂蜜…………10 毫升
牛奶…………200 毫升

料理方法

① 将木瓜洗净去皮、籽，切成小块。

② 将切成小块的木瓜与牛奶、蜂蜜放入果汁机，搅匀即可。

饮用功效

　　木瓜与牛奶中的营养成分丰富，尤其是木瓜所含的齐墩果酸成分，是一种具有护肝、抗炎抑菌等功效的化合物，能解脾和胃、平肝舒筋，有效地排出体内的毒素。

木瓜的挑选小窍门

　　熟木瓜要挑手感很轻的，这样的木瓜果肉比较甘甜。木瓜的果皮一定要亮，橙色要均匀，不能有色斑。还有木瓜果肉一定要结实。

营养成分

以 100ml 可食蔬果汁计算

膳食纤维	蛋白质	脂肪	碳水化合物
1.6 克	3.8 克	3.2 克	20.4 克
维生素 B$_1$	维生素 B$_2$	维生素 E	维生素 C
0.1 毫克	0.1 毫克	0.6 毫克	100 毫克

木瓜档案

产地	性味	归经	保健作用
海南云南	性平、微寒，味甘	肝、脾经	健胃消食舒适经络

成熟周期：

当年 ◄
结果（9月） 结果（10月）
1月 2月 3月 4月 5月 6月 7月 8月 9月 10月 11月 12月

1月 2月 3月 4月 5月 6月 7月 8月 9月 10月 11月 12月

次年 ◄

西瓜柠檬汁

● 利尿排毒 + 清肠通便

蔬果汁热量 **76.8kcal/100ml**

操作方便度 ★★★★☆
推荐指数 ★★★★★

食材准备

西瓜…………200 克　　蜂蜜…………30 克
柠檬…………50 克

料理方法

① 西瓜去皮，切成小块，用榨汁机榨出汁。
② 柠檬洗净后，切块、榨汁。
③ 将西瓜汁与柠檬汁混合，加入蜂蜜，拌匀即可。

饮用功效

　　用西瓜和柠檬制成的果汁香甜止渴，能帮助排除体内多余水分。若能在下午 3 点前饮用此果汁，更能发挥其通便的功效。

营养成分
以 100ml 可食蔬果汁计算

膳食纤维	蛋白质	脂肪	碳水化合物
0.5 克	1.3 克	0.3 克	17.4 克

胡萝卜梨汁

● 改善便秘 + 醒酒护肝

蔬果汁热量 **83kcal/100ml**

操作方便度 ★★★★☆
推荐指数 ★★★★☆

食材准备

胡萝卜…………100 克　　柠檬…………30 克
梨………………100 克　　冰块…………适量

料理方法

① 梨洗净，去皮及果核，切块。
② 胡萝卜洗净，切块。
③ 柠檬清洗干净后切片。
④ 将胡萝卜、梨、柠檬片放入榨汁机中榨汁。向果汁中加入适量冰块即可。

饮用功效

　　此饮品能缓解肾脏病、肝病，改善便秘，同时还具有利尿作用。但在饮用过程中要注意不可与酒精同食，否则易损害肝脏。

营养成分
以 100ml 可食蔬果汁计算

膳食纤维	蛋白质	脂肪	碳水化合物
3.2 克	1.7 克	0.7 克	17.3 克

蜜桃苹果汁

● 清理肠胃 + 顺畅排便

蔬果汁热量 **93kcal/100ml**

操作方便度 ★★★★☆
推荐指数 ★★★★☆

食材准备

桃子……………100 克　　柠檬……………30 克
苹果……………100 克　　冰块……………适量

🍲 料理方法

① 将桃洗净，对切为二，去核。
② 苹果去核，切块；柠檬洗净，切片。
③ 将苹果、桃子、柠檬依次放进榨汁机中榨出汁，
　 放入冰块即可。

🧃 饮用功效

　　此饮品可整肠排毒，缓解肾脏病、肝病等。
因苹果中含有丰富的粗纤维，可排除体内的有毒
物质，清理肠胃。

营养成分

以 100ml 可食蔬果汁计算

膳食纤维	蛋白质	脂肪	碳水化合物
1.3 克	0.9 克	1 克	21 克

苹果黄瓜汁

● 排除毒素 + 整肠利尿

蔬果汁热量 **49kcal/100ml**

操作方便度 ★★★★☆
推荐指数 ★★★★☆

食材准备

苹果……………100 克　　柠檬……………30 克
小黄瓜…………100 克　　冰块……………少许

🍲 料理方法

① 苹果洗净，去核，切块。
② 小黄瓜洗净，切段。
③ 柠檬连皮切成块。
④ 把苹果、小黄瓜、柠檬放入榨汁机中榨成汁，
　 最后在果汁中加入少许冰块即可。

🧃 饮用功效

　　常饮此品能收到整肠、利尿的功效，有助
于排出体内的各种毒素。

营养成分

以 100ml 可食蔬果汁计算

膳食纤维	蛋白质	脂肪	碳水化合物
1 克	0.9 克	0.5 克	15.8 克

清热利尿：排出毒热一身轻

生活智慧王

　　在制作葡萄芋头梨汁时，所用
的芋头一定不要是生的，否则会有中
毒的危险。同时，由于芋头含有大量
的淀粉，一次也不能食用过多。

葡萄芋头梨汁

● 化痰祛湿 + 健脾益胃

蔬果汁热量 **93.5kcal/100ml**
操作方便度 ★★★☆☆
推荐指数 ★★★★☆

食材准备

葡萄……150 克　　　芋头……50 克
梨……100 克　　　柠檬……50 克
冰块……少许

料理方法

① 将葡萄洗净，芋头（已煮熟）切段；梨去皮、去核后切块，柠檬切片。
② 在榨汁机内放入少许冰块，将材料交错放入，压榨成汁后，加入冰块即可。

饮用功效

　　芋头含有丰富的膳食纤维，对治疗便秘有很好的疗效。芋头所含的丰富矿物质和微量元素，较容易被肠道吸收，具有化痰祛湿、益脾胃的功效，对便血有一定的疗效。

Tips： 这款蔬果汁可改善便秘、贫血等症状，对皮肤过敏、手脚冰冷也有一定作用。

营养成分

以 100ml 可食蔬果汁计算

膳食纤维	蛋白质	脂肪	碳水化合物
5.4 克	2.4 克	1.2 克	18.9 克
维生素 B₁	维生素 B₂	维生素 E	维生素 C
0.1 毫克	0.1 毫克	4.2 毫克	17 毫克

科学食用宜忌

宜 芋头尤其适合于身体虚弱者食用。

忌 芋头有毒、麻口、刺激咽喉，不可生食。芋头含有较多的淀粉，一次食用过量容易导致腹泻。

番茄柠檬汁

● 加速排毒 + 延缓衰老

蔬果汁热量 **42.5kcal/100ml**
操作方便度 ★★★★☆
推荐指数 ★★★★★

食材准备

番茄……200 克　　　盐………适量
水……250 毫升　　　柠檬……30 克
冰块……少许

料理方法

① 将番茄洗净，切成小块；柠檬切片，榨成汁。
② 将水、盐、冰块及番茄一起放入搅拌机内搅拌成汁。果汁过滤后再加少许柠檬汁调味即可。

饮用功效

　　番茄中含有多种维生素及矿物质，对食欲不振有很好的辅助治疗效果。番茄的美容功效也很好，常吃可使皮肤细滑白皙，延缓衰老。 番茄中的番茄红素具有抗氧化功能，能防癌，且对动脉硬化患者有很好的治疗作用。

Tips： 此饮品可消除疲劳、助排毒、缓解肾脏的不适。榨汁前也可以将番茄用热水浸泡后再切块。

营养成分

以 100ml 可食蔬果汁计算

膳食纤维	蛋白质	脂肪	碳水化合物
1.1 克	1.9 克	0.9 克	7.5 克
维生素 B₁	维生素 B₂	维生素 E	维生素 C
0.1 毫克	0.1 毫克	1.3 毫克	43 毫克

科学食用宜忌

宜 患有冠心病、心肌梗死、肾病、糖尿病的人可以每天适量饮用此汁。

忌 忌空腹饮用，否则容易引起胃肠疾病。

芜菁苹果汁

● 清热解毒 + 消肿利尿

蔬果汁热量 107kcal/100ml

操作方便度 ★★★★☆
推荐指数 ★★★★☆

营养成分

以 100ml 可食蔬果汁计算

膳食纤维	蛋白质	脂肪	碳水化合物
2.5 克	2.5 克	1.1 克	21 克
维生素 B_1	维生素 B_2	维生素 E	维生素 C
0.1 毫克	0.1 毫克	2.2 毫克	62 毫克

芜菁档案

产地	性味	归经	保健作用
河北 河南	性温 味辛	胃经	开胃消食 排除毒素

成熟周期:

当年 ◀

结果 结果
1月 2月 3月 4月 5月 6月 7月 8月 9月 10月 11月 12月

1月 2月 3月 4月 5月 6月 7月 8月 9月 10月 11月 12月

次年 ◀

食材准备

苹果…………100 克　　柠檬…………50 克
芜菁…………100 克　　冰糖…………适量

料理方法

① 将苹果洗净,切块。
② 柠檬连皮切成块;芜菁洗净后切除叶子。
③ 将柠檬放进榨汁机,用挤压棒挤压成汁。
④ 将苹果和芜菁也放入榨汁机,榨成汁即可。
⑤ 加入冰糖调味即可。

饮用功效

本饮品具有消肿利尿的作用,能促进排尿,常喝此饮可达到清热解毒、减肥的目的。

芜菁的挑选小窍门

购买芜菁时,应该选择表皮翠绿、没有变黄的,球茎表皮最好有雾白色的果粉,这均是判别芜菁新鲜与否的标准。

柠檬芒果汁

● 促进消化 + 加速排毒

蔬果汁热量　**66.5kcal/100ml**

操作方便度　★★★★☆
推荐指数　★★★★☆

食材准备

芒果…………300 克	蜂蜜…………30 克
柠檬…………30 克	冷开水………200 毫升

料理方法

① 将芒果去皮、核，切成块。
② 柠檬洗净，切片。
③ 将所有材料放入搅拌机内打碎搅匀。
④ 加入蜂蜜调味即可。

营养成分

以 100ml 可食蔬果汁计算

膳食纤维	蛋白质	脂肪	碳水化合物
1.4 克	0.7 克	0.3 克	15.2 克
维生素 B$_1$	维生素 B$_2$	维生素 E	维生素 C
0.1 毫克	0.1 毫克	1.3 毫克	27 毫克

饮用功效

芒果富含丰富的膳食纤维，用芒果与柠檬榨汁饮用，能促进肠胃的蠕动，使体内毒素迅速排出体外。

芒果的挑选小窍门

自然成熟的芒果，颜色不十分均匀，表皮上能闻到一种果香味，而催熟的芒果只有小头尖处果皮翠绿，其他部位果皮均发黄。

 养颜小贴士

印度人早在六千多年前就发现了芒果的神奇功效：美容减肥。制作芒果饮：芒果 1 个，冰糖适量，鲜芒果削去果蒂，连皮切片，加入冰糖，以水煎煮 25 分钟，滤汁代茶饮。

柠檬香瓜橙汁

● 通利小便＋缓解肾病

蔬果汁热量　94kcal/100ml

操作方便度　★★★★☆
推荐指数　★★★★☆

食材准备

香瓜……………200 克　　柠檬……………50 克
柳橙……………100 克　　冰块……………少许

料理方法

① 将柠檬洗净，切块；柳橙去皮、籽，切块。
② 香瓜洗净，削掉外皮，切成块。
③ 将柠檬、柳橙、香瓜按顺序放入榨汁机内挤压成汁。
④ 向果汁中加少许冰块，再依个人口味调味即可。

饮用功效

此饮品具有滋润皮肤，缓解肾脏病的功效，同时还有利尿功效。将几种瓜果组合在一起榨汁饮用，能使营养更加全面。

营养成分			以 100ml 可食蔬果汁计算
膳食纤维	蛋白质	脂肪	碳水化合物
1.6 克	1.7 克	0.9 克	18.8 克

葡萄芜菁汁

● 利尿消肿＋镇静安神

蔬果汁热量　67kcal/100ml

操作方便度　★★★★☆
推荐指数　★★★★☆

食材准备

葡萄……………150 克　　柠檬…………30 克
芜菁……………50 克　　冰块……………少许

料理方法

① 葡萄剥皮，去籽；芜菁的叶和根切开，将根部切成适当大小。
② 柠檬切片。
③ 葡萄用芜菁叶包裹，放入榨汁机。
④ 再将芜菁的根和剩余的叶、柠檬一起榨成汁，加冰块即可。

饮用功效

此饮品可镇静安神、改善便秘，对高血压、低血压、肾脏病等都有一定疗效，还能改善面部浮肿以及小便不利等症。

营养成分			以 100ml 可食蔬果汁计算
膳食纤维	蛋白质	脂肪	碳水化合物
5.5 克	2.1 克	1.1 克	12.9 克

紫苏菠萝蜜汁

- 润畅肠道 + 滋补美容

蔬果汁热量 **110kcal/100ml**

操作方便度 ★★★☆☆
推荐指数 ★★★★☆

食材准备

紫苏…………50 克   梅汁………15 毫升
菠萝…………30 克   蜂蜜…………10 克

料理方法

① 将紫苏洗干净备用。
② 菠萝去外皮，洗干净，切成小块。
③ 将紫苏、菠萝、梅汁倒入榨汁机内，加 300 毫升冷开水、蜂蜜搅打成汁即可。

饮用功效

    用紫苏和菠萝一起榨汁饮用，既能起到美容滋补的功效，又能消除疲劳、紧张，同时还能润畅肠道。梅汁具有清热的功效，可以消暑止渴。

营养成分

以 100ml 可食蔬果汁计算

膳食纤维	蛋白质	脂肪	碳水化合物
30.4 克	0.3 克	6 克	13.1 克

土豆胡萝卜汁

- 通气利尿 + 减肥塑身

蔬果汁热量 **143.8kcal/100ml**

操作方便度 ★★★★☆
推荐指数 ★★★☆☆

食材准备

土豆…………40 克   糙米饭………30 克
胡萝卜………10 克   砂糖…………10 克

料理方法

① 土豆去皮，切丝，用滚水汆烫后捞起，以冰水浸泡片刻，沥干。
② 胡萝卜洗净，切成块。
③ 将土豆、胡萝卜、糙米饭与砂糖倒入果汁机中，加 350 毫升冷开水搅拌成汁即可。

饮用功效

    胡萝卜与土豆一起榨汁能通气利尿，对减肥也有一定功效。

营养成分

以 100ml 可食蔬果汁计算

膳食纤维	蛋白质	脂肪	碳水化合物
0.6 克	3.4 克	0.5 克	32 克

生活智慧王
　　大白菜糙米汁虽然能够降低胆固醇，但脾虚胃寒、体质偏寒的人最好还是不要饮用。

鲜藕香瓜梨汁

● 润肺通便，利尿祛暑

蔬果汁热量 **147.2kcal/100ml**

操作方便度 ★★★★☆
推荐指数 ★★★☆☆

食材准备

梨……100 克　　香瓜……200 克
莲藕……100 克　　冰块……适量
柠檬……适量

料理方法

① 梨洗净，去皮、核，切块；香瓜洗净，去皮、瓤，切块；莲藕洗净去皮，切片；柠檬切片。
② 将梨、香瓜、莲藕、柠檬放入榨汁机内榨汁，再在果汁中加冰块即可。

饮用功效

　　莲藕是含铁量很高的根茎类食物，比较适合缺铁性贫血的病人；又富含维生素 C 和膳食纤维，能润肺通便、清热排毒，尤其适合作为夏季的祛暑食物。莲藕还具有收缩血管的作用，有"活血而不破血，止血而不滞血"的特点。

Tips：本果汁含有梨和香瓜的天然甜味，味道独特。常饮可利尿，缓解肾脏病。

营养成分

以 100ml 可食蔬果汁计算

膳食纤维	蛋白质	脂肪	碳水化合物
4.6 克	4.6 克	0.6 克	41.3 克
维生素 B_1	维生素 B_2	维生素 E	维生素 C
0.1 毫克	0.2 毫克	4.9 毫克	54.7 毫克

科学食用宜忌

宜 此饮品每日早晚饮用效果更佳。

忌 由于藕性偏凉，故孕妇不宜过多食用。糖尿病和脾胃虚寒者不宜多食熟藕和藕粉。

白菜糙米汁

● 通利肠胃，清热解毒

蔬果汁热量 **110kcal/100ml**

操作方便度 ★★★★☆
推荐指数 ★★★★☆

食材准备

大白菜……100 克　　糙米饭……30 克
姜……10 克　　砂糖……5 克

料理方法

① 将大白菜洗净，切碎；姜洗净，备用。
② 将大白菜、姜、糙米饭倒入果汁机中，加350 毫升冷开水搅打成汁。将果汁倒入杯中，再加入砂糖即可。

饮用功效

　　大白菜是营养很丰富的蔬菜，具有通利肠胃、清热解毒的功效，其中所含的丰富粗纤维可以预防很多疾病。白菜汁中所含的微量元素硒，除了有助于防治弱视外，还有助于增强人体内白细胞的杀菌能力和抵抗重金属对机体的毒害。

Tips：此饮品可降低胆固醇、清热解烦。脾虚胃寒和体质偏寒者不宜经常饮用。

营养成分

以 100ml 可食蔬果汁计算

膳食纤维	蛋白质	脂肪	碳水化合物
1 克	3 克	0.5 克	22.3 克
维生素 B_1	维生素 B_2	维生素 E	维生素 C
0.2 毫克	0.1 毫克	0.6 毫克	7.2 毫克

科学食用宜忌

宜 本品有明显的止咳功效，寒性咳嗽患者可多饮用。

忌 腐烂的大白菜含有亚硝酸盐等毒素，食后可使人体严重缺氧甚至有生命危险。

香芹柠檬苹果汁

● 酸甜可口＋利尿降压

蔬果汁热量 **73.5kcal/100ml**

操作方便度 ★★★★☆
推荐指数 ★★★★☆

营养成分

以 100ml 可食蔬果汁计算

膳食纤维	蛋白质	脂肪	碳水化合物
1.5 克	0.8 克	0.4 克	16.6 克
维生素 B$_1$	维生素 B$_2$	维生素 E	维生素 C
0.1 毫克	0.1 毫克	1.8 毫克	18 毫克

芹菜档案

产地	性味	归经	保健作用
四川 河北	性凉， 味甘、辛	肺、脾、 胃经	通利小便 清热平肝

成熟周期：

当年 ◀

结果	结果			结果	结果	结果					
1月	2月	3月	4月	5月	6月	7月	8月	9月	10月	11月	12月
1月	2月	3月	4月	5月	6月	7月	8月	9月	10月	11月	12月

次年 ◀

食材准备

苹果……………100 克 　 柠檬……………50 克
香芹……………100 克 　 冰块…………少许

料理方法

① 苹果洗净，去皮、核；香芹洗净，茎叶分开切；柠檬连皮切成块。
② 将柠檬放入榨汁机内榨汁，再将香芹的叶子、茎和苹果先后放入榨汁机内榨汁。
③ 将蔬果汁倒入杯中，加入少许冰块即可。

饮用功效

本饮品对小便不利、肝阳上亢、烦热不安等症具有很好的缓解治疗作用，尤宜春秋两季干燥时节饮用。

香芹的挑选小窍门

选择香芹以茎粗、长、肥厚者为佳。不要选久放、折损的香芹。

柳橙蜜汁

● 生津止渴 + 清热利尿

食材准备

柳橙…………300 克　　蜂蜜…………适量

料理方法

① 将柳橙去皮，切成小块。
② 将柳橙放入榨汁机内榨汁。
③ 将果汁中加入蜂蜜搅拌均匀即可。

饮用功效

　　本饮品味道酸甜适口，柳橙能够生津止渴，蜂蜜能润燥通便，二者合一各取其长，能够帮助人体排出肠道内的宿便。

柳橙的挑选小窍门

　　选购柳橙时，选择橙皮颜色黄一些的为佳，因为颜色越黄，营养价值越高。

营养成分

以 100ml 可食蔬果汁计算

膳食纤维	蛋白质	脂肪	碳水化合物
0.6 克	0.8 克	0.3 克	14.4 克
维生素 B_1	维生素 B_2	维生素 E	维生素 C
0.1 毫克	0.1 毫克	0.6 毫克	33 毫克

柳橙档案

产地	性味	归经	保健作用
广东 广西	性凉，味酸、甘	肺经	生津止渴 开胃下气

成熟周期：

当年 ◀

结果 结果

| 1月 | 2月 | 3月 | 4月 | 5月 | 6月 | 7月 | 8月 | 9月 | 10月 | 11月 | 12月 |

| 1月 | 2月 | 3月 | 4月 | 5月 | 6月 | 7月 | 8月 | 9月 | 10月 | 11月 | 12月 |

次年 ◀

菠萝果菜汁

● 利尿通便＋消除疲劳

蔬果汁热量 65.3kcal/100ml

操作方便度 ★★★☆☆
推荐指数 ★★★★☆

食材准备

柠檬…………30 克　　菠萝……………100 克
茭白………60 克　　冰块…………少许
西芹………50 克

🍳 料理方法

① 柠檬连皮切成块；西芹的茎和菠萝果肉切块；茭白洗净并切成可放榨汁机的大小。
② 将柠檬、菠萝、茭白及西芹的茎榨汁，西芹的叶折弯后榨成汁。
③ 果汁倒入杯中，加适量冰块即可。

📷 饮用功效

　　此饮品可消除疲劳，改善便秘症状。

营养成分

以 100ml 可食蔬果汁计算

膳食纤维	蛋白质	脂肪	碳水化合物
2.1 克	1.6 克	0.4 克	13.3 克

香蕉苹果汁

● 润肠通便＋利尿排毒

蔬果汁热量 128kcal/100ml

操作方便度 ★★★★☆
推荐指数 ★★★★☆

食材准备

香蕉………100 克　　酸奶………200 克
苹果………80 克

🍳 料理方法

① 将苹果洗净，去掉外皮，切成小块。
② 香蕉去皮，切成小块。
③ 将所有材料放入搅拌机内，搅匀即可。

📷 饮用功效

　　香蕉、苹果都具有润肠通便的功效，将这两种水果榨汁，加入酸奶饮用可以避免毒素在体内的积存。

营养成分

以 100ml 可食蔬果汁计算

膳食纤维	蛋白质	脂肪	碳水化合物
0.1 克	0.1 克	1.1 克	6.5 克

芒果茭白牛奶

● 利尿止渴＋清热消暑

蔬果汁热量 **155kcal/100ml**

操作方便度 ★★★☆☆
推荐指数 ★★★★☆

食材准备

芒果………………150 克
茭白………………100 克
柠檬………………30 克
鲜奶………200 毫升
蜂蜜…………10 克

料理方法

① 将芒果洗干净，去掉外皮、去核，取果肉。
② 茭白洗干净切块备用。
③ 柠檬去掉皮，切成小块。
④ 把芒果、茭白、鲜奶、柠檬、蜂蜜放入搅拌机内，打碎搅匀即可。

饮用功效

　　此饮品具有促进胃肠蠕动、利大小便的功效。茭白的营养价值高，有祛暑、止渴、利尿的功效。将茭白与芒果一起榨汁饮用，营养丰富，口味独特。

营养成分

以 100ml 可食蔬果汁计算

膳食纤维	蛋白质	脂肪	碳水化合物
3.2 克	4.8 克	3.3 克	15.1 克

卷心菜芒果蜜汁

● 缓解胃病＋提振精神

蔬果汁热量 **113kcal/100ml**

操作方便度 ★★★☆☆
推荐指数 ★★★★☆

食材准备

卷心菜………150 克
芒果…………100 克
蜂蜜…………适量
柠檬………50 克
冰块………少许

料理方法

① 卷心菜洗净；柠檬洗净，连皮切成块。
② 剥去芒果皮，用汤匙挖出果肉，包在卷心菜叶里。
③ 将包了芒果的卷心菜与柠檬一起放入榨汁机里榨出汁。
④ 再加入蜂蜜、冰块搅匀即可。

饮用功效

　　此饮品可消除疲劳，缓解胃溃疡、肾脏病症状。

营养成分

以 100ml 可食蔬果汁计算

膳食纤维	蛋白质	脂肪	碳水化合物
3.4 克	3.4 克	35.6 克	14.5 克

生活智慧王

　　甜柿胡萝卜汁不适宜脾胃虚寒、痰湿内盛以及腹泻患者饮用，其他人群喝此饮能有增强体力的功效。

桂圆枸杞蜜枣汁

● 利尿排毒 ＋ 防癌抗癌

蔬果汁热量 **104kcal/100m**
操作方便度 ★★★☆☆
推荐指数 ★★★★☆

食材准备

桂圆…………30 克　　　枸杞子……20 克
胡萝卜……150 克　　　蜜枣………10 克
砂糖…………适量　　　冰块…………少许

料理方法

① 桂圆去壳去核，枸杞子洗净；胡萝卜去皮后切丝；蜜枣冲净，去籽备用。

② 将上述材料与砂糖倒入锅中，加水煮至水量剩约 300 毫升关火，静待冷却。倒入果汁机内，加冰块搅打成汁即可。

饮用功效

　　桂圆性平、味甘，入心、肝、脾、肾经。现代医学研究认为：桂圆营养价值甚高，富含碳水化合物、蛋白质、多种氨基酸和维生素，常食桂圆可为肝脾排毒。桂圆肉还有抑制癌细胞生长的作用，其肉干被视为珍贵的滋补品。

Tips: 此饮品可养颜活血，改善便秘，消除疲劳。

营养成分

以 100ml 可食蔬果汁计算

膳食纤维	蛋白质	脂肪	碳水化合物
9.1 克	1.9 克	0.3 克	11.1 克
维生素 B₁	维生素 B₂	维生素 E	维生素 C
1.7 毫克	0.4 毫克	0.3 毫克	20.1 毫克

科学食用宜忌

宜 桂圆买回家要尽快吃完。

忌 桂圆一次不可多吃，否则易导致便秘，有上火或发炎症状的人群不宜食用。

甜柿胡萝卜汁

● 清热止渴 ＋ 凉血止血

蔬果汁热量 **75.3kcal/100ml**
操作方便度 ★★★★☆
推荐指数 ★★★★☆

食材准备

甜柿……150 克　　　胡萝卜……60 克
柠檬………30 克　　　果糖………10 克

料理方法

① 将甜柿、胡萝卜洗净，去皮，切成小块；柠檬洗净，切片。

② 将甜柿、胡萝卜、柠檬放入榨汁机中榨汁。

③ 将果糖加入蔬果汁中，搅匀即可。

饮用功效

　　中医认为，柿子性寒、味涩，具有清热止渴、凉血、止血的功效。软熟的柿子还可以解酒毒，可作为燥咳和吐血病人的辅助治疗食品。

Tips: 本款果汁可缓解宿醉，增强体力。脾胃虚寒、痰湿内盛、腹泻、便秘者不宜饮用。

营养成分

以 100ml 可食蔬果汁计算

膳食纤维	蛋白质	脂肪	碳水化合物
2 克	1.3 克	0.9 克	16.1 克
维生素 B₁	维生素 B₂	维生素 E	维生素 C
0.1 毫克	0.1 毫克	1.5 毫克	42.2 毫克

科学食用宜忌

宜 柿子宜在饭后食用。

忌 柿子不可与蟹同食，否则会出现呕吐、腹胀等食物中毒现象。

轻松排毒：每天喝杯清毒素

生活智慧王
　　山药菠萝枸杞汁不适宜患有子宫肌瘤的女性饮用，另外大便燥结者也要避免饮用。

桑葚青梅杨桃汁

● 利尿解毒 + 醒酒消积

蔬果汁热量 **56.2kcal/100ml**
操作方便度 ★★★★☆
推荐指数 ★★★★☆

食材准备

桑葚……80 克　　　青梅…………………40 克
杨桃……50 克　　　冷开水………200 毫升

料理方法

① 将桑葚洗净；青梅洗净，去皮；杨桃洗净后切块。
② 将所有材料放入果汁机中搅打成汁即可。

饮用功效

　　杨桃具有清热止渴、利尿解毒、醒酒等功效。新鲜杨桃富含碳水化合物、脂肪、蛋白质等营养成分，其中大量的维生素 C 能提高免疫力，对咽喉炎症、口腔溃疡、牙痛有很好的疗效。

Tips: 此款果汁能刺激胃液分泌，促进食欲。

营养成分

以 100ml 可食蔬果汁计算

膳食纤维	蛋白质	脂肪	碳水化合物
4.4 克	2 克	0.7 克	12 克
维生素 B$_1$	维生素 B$_2$	维生素 E	维生素 C
0.1 毫克	0.1 毫克	9.6 毫克	25.6 毫克

科学食用宜忌

宜 饮酒过多时吃一些杨桃，能够起到醒酒的作用。

忌 杨桃应放在通风阴凉处储存，不可放入冰箱中冷藏。

山药菠萝枸杞汁

● 增强免疫 + 清肠排毒

蔬果汁热量 **120.8kcal/100ml**
操作方便度 ★★★☆☆
推荐指数 ★★★★☆

食材准备

山药……80 克　　　菠萝……50 克
枸杞……25 克　　　蜂蜜……10 克

料理方法

① 山药去皮，洗净，以冷水浸泡片刻，沥干备用。
② 菠萝去皮，洗净，切块；枸杞略冲洗，备用。
③ 将山药、菠萝和枸杞搅打成汁，再加蜂蜜拌匀即可。

饮用功效

　　山药味甘、性平、无毒，具有滋养壮身、助消化、敛汗、止泻等作用。山药是虚弱、疲劳或病愈者恢复体力的最佳食品，经常食用又能提高免疫力、降低胆固醇、利尿。由于山药的脂肪含量低，即使多吃也不会发胖。

Tips: 此饮品可改善更年期综合征。

营养成分

以 100ml 可食蔬果汁计算

膳食纤维	蛋白质	脂肪	碳水化合物
5.6 克	5 克	0.7 克	23.5 克
维生素 B$_1$	维生素 B$_2$	维生素 E	维生素 C
0.1 毫克	0.1 毫克	0.7 毫克	28.4 毫克

科学食用宜忌

宜 山药宜去皮食用。

忌 大便燥结者不宜食用山药，患有子宫肌瘤的女性也不宜吃。

油菜苹果汁

● 排毒养颜 + 强身健体

蔬果汁热量 83kcal/100ml

操作方便度 ★★★★☆
推荐指数 ★★★★☆

营养成分

以 100ml 可食蔬果汁计算

膳食纤维	蛋白质	脂肪	碳水化合物
1.3 克	2.4 克	1.4 克	17.1 克
维生素 B_1	维生素 B_2	维生素 E	维生素 C
0.1 毫克	0.2 毫克	4 毫克	40 毫克

油菜档案

产地	性味	归经	保健作用
华北 长江流域	性温， 味辛	肝、脾、 肺经	活血化淤 解毒通便

成熟周期：

结果 结果

| 1月 | 2月 | **3月** | **4月** | 5月 | 6月 | 7月 | 8月 | 9月 | 10月 | 11月 | 12月 |

当年 ◀

| 1月 | 2月 | 3月 | 4月 | 5月 | 6月 | 7月 | 8月 | 9月 | 10月 | 11月 | 12月 |

次年 ◀

食材准备

苹果……………150 克   柠檬…………50 克

油菜……………100 克   冰块…………少许

料理方法

① 把苹果洗净，去皮、核，切块。

② 油菜洗净备用；柠檬连皮切成块。

③ 把柠檬放入榨汁机，压榨成汁；苹果、油菜同样压榨成汁。

④ 将蔬果汁倒入杯中，再加入冰块即可。

饮用功效

油菜的营养成分非常丰富，其中含有大量维生素及钙质，非常适宜制作蔬果汁。常饮油菜苹果汁，可对动脉硬化、便秘、高血压有一定疗效。

油菜的榨汁小窍门

把油菜的茎和叶切分开，将叶子卷成卷，更利于榨汁。

苹果白菜柠檬汁

● 美颜瘦身 + 排毒利尿

蔬果汁热量 **84kcal/100ml**

操作方便度 ★★★★☆
推荐指数 ★★★★☆

食材准备

苹果…………150 克	柠檬…………50 克
大白菜………100 克	冰块…………少许

料理方法

① 将苹果洗净，切块；大白菜叶洗净，撕块；柠檬连皮切成块。

② 将柠檬、大白菜、苹果依次放入榨汁机内榨汁。

③ 将蔬果汁倒入杯中，加少许冰块即可。

饮用功效

本饮品具有利尿解毒的作用，能够帮助人们排除体内毒素，从而达到健康纤体的功效。

营养成分

以 100ml 可食蔬果汁计算

膳食纤维	蛋白质	脂肪	碳水化合物
1.8 克	1 克	0.5 克	17 克
维生素 B$_1$	维生素 B$_2$	维生素 E	维生素 C
0.1 毫克	0.5 毫克	2.4 毫克	37 毫克

 瘦身小贴士

苹果减肥法：减肥期间每天肚子饿就先吃一个苹果，减少主食进餐量。如果感觉口渴，可饮用白开水及一些绿茶。坚持一周便可见效。

柠檬葡萄柚汁

● 清肠排毒 + 预防便秘

蔬果汁热量 **46kcal/100ml**

操作方便度 ★★★★☆
推荐指数 ★★★★☆

营养成分

以 100ml 可食蔬果汁计算

膳食纤维	蛋白质	脂肪	碳水化合物
2.1 克	1.3 克	0.4 克	10.5 克
维生素 B$_1$	维生素 B$_2$	维生素 E	维生素 C
0.1 毫克	0.1 毫克	0.2 毫克	6 毫克

葡萄柚档案

产地	性味	归经	保健作用
江西 福建	性寒，味甘、酸	肺、脾经	止咳化痰 生津止渴

成熟周期：

当年 ◄

结果 结果

| 1月 | 2月 | 3月 | 4月 | 5月 | 6月 | 7月 | 8月 | 9月 | 10月 | 11月 | 12月 |

| 1月 | 2月 | 3月 | 4月 | 5月 | 6月 | 7月 | 8月 | 9月 | 10月 | 11月 | 12月 |

次年 ◄

食材准备

柠檬………30 克	葡萄柚………150 克
西芹………80 克	冰块………少许

🔥 料理方法

① 西芹的茎和叶分开切；柠檬清洗干净切块。

② 葡萄柚剥皮后，去籽及果瓣皮。

③ 将柠檬和葡萄柚榨汁，再将西芹的茎及叶子放入榨汁机中榨汁。

④ 将果汁倒入杯中混合，加入少许冰块即可。

📷 饮用功效

柠檬与葡萄柚一起榨汁饮用，有助于生津止渴、消除疲劳、缓解便秘、排毒养颜。

👩‍⚕️ 葡萄柚皮的妙用

将葡萄柚皮内面的白筋撕净，放在通风处吹干，再晒干水分。用纱布袋子装好保存，放于衣柜角落或米桶内，可用来防蚊虫。

番茄香柚芒果汁

● 促肠蠕动 + 安眠养神

蔬果汁热量 **62kcal/100ml**

操作方便度 ★★★★☆
推荐指数 ★★★★☆

食材准备

草莓…………50 克		葡萄柚… …… 50 克	
番茄…… …… 100 克		冰块…………少许	
芒果…… …… 100 克			

料理方法

① 草莓和番茄洗净，去蒂；葡萄柚剥皮，去籽。
② 芒果去核，用汤匙挖取果肉。
③ 将草莓、番茄、葡萄柚果肉、芒果肉放入榨汁机，压榨成汁。
④ 将果汁倒入杯中，加冰块搅匀即可。

饮用功效

　　此饮品能消除疲劳，缓解便秘，改善食欲不振等症。芒果能安眠养神，与其他几种水果放在一起榨汁饮用，营养更加丰富。

番茄的挑选小窍门

　　番茄大小种类不同，选择的标准也不一样。中大型番茄以颜色稍绿为佳，完全红透反而口感不好；而小型番茄则应选择颜色鲜红的。

营养成分

以 100ml 可食蔬果汁计算

膳食纤维	蛋白质	脂肪	碳水化合物
5.1 克	1.4 克	0.5 克	14 克
维生素 B$_1$	维生素 B$_2$	维生素 E	维生素 C
0.3 毫克	0.1 毫克	1.4 毫克	44 毫克

番茄档案

产地	性味	归经	保健作用
山东河北	性微寒，味甘、酸	肝、胃、肺经	生津止渴清热解毒

成熟周期：

结果 结果

当年
1月 2月 3月 4月 5月 **6月** **7月** 8月 9月 10月 11月 12月

1月 2月 3月 4月 5月 6月 7月 8月 9月 10月 11月 12月

次年

木瓜香蕉牛奶

● 改善便秘 + 美白瘦身

蔬果汁热量 172kcal/100ml

操作方便度 ★★★☆☆
推荐指数 ★★★★☆

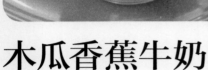

食材准备

木瓜………150 克　　　牛奶………250 克
香蕉………100 克

🍲 料理方法

① 将木瓜洗净，去皮、籽，切成小块。
② 香蕉剥皮，切成块。
③ 把木瓜、香蕉、牛奶置搅拌机内搅拌约 1 分
　 钟即可。

🥛 饮用功效

　　此饮品能助消化、缓解便秘，有美白皮肤
的功效。木瓜的营养丰富，能理气和胃、平肝舒
筋，和香蕉一起榨汁饮用能有助于改善睡眠，具
有镇静的作用。

营养成分

			以 100ml 可食蔬果汁计算
膳食纤维	蛋白质	脂肪	碳水化合物
2.8 克	3.7 克	1.8 克	35.2 克

苹莓果菜汁

● 养颜排毒 + 安稳睡眠

蔬果汁热量 66.6kcal/100ml

操作方便度 ★★★★☆
推荐指数 ★★★★☆

食材准备

苹果………100 克　　　番茄………50 克
草莓………20 克　　　生菜………50 克

🍲 料理方法

① 将苹果洗干净，去皮，切成块；草莓洗净，
　 去蒂。
② 将番茄洗净，切成小块。
③ 生菜洗净，撕成小片。
④ 将所有材料放入榨汁机中，加水适量，搅打
　 成汁即可。

🥛 饮用功效

　　此饮品具有助消化、健脾胃、润肺止咳、
养颜排毒、安稳睡眠的功效。生菜嫩茎中的白色
汁液有安眠功效，与水果一起榨汁对改善睡眠状
况有很好的疗效。

营养成分

			以 100ml 可食蔬果汁计算
膳食纤维	蛋白质	脂肪	碳水化合物
1.3 克	1.3 克	0.5 克	13.3 克

草莓香芹芒果汁

● 消暑除烦＋清利小便

蔬果汁热量　78.4kcal/100ml

操作方便度 ★★★★☆
推荐指数 ★★★★☆

食材准备

草莓…………100 克　　　冰块…………适量
香芹…………80 克　　　柠檬…………适量
芒果…………150 克

料理方法

① 草莓洗净，去蒂；芒果去核，挖出果肉；香芹洗净。
② 放入草莓、柠檬和芹菜，榨汁。
③ 把榨出来的果菜汁连同冰块一起放入搅拌机中，加入芒果，搅拌 30 秒加入冰块即可。

饮用功效

此饮品为蔬果的综合汁，口味香甜，对小便短赤、暑热烦躁等有一定的疗效。

营养成分

以 100ml 可食蔬果汁计算

膳食纤维	蛋白质	脂肪	碳水化合物
4 克	2 克	0.4 克	13 克

五色蔬菜汁

● 排除毒素＋改善肌肤

蔬果汁热量　72.8kcal/100ml

操作方便度 ★★★☆☆
推荐指数 ★★★★☆

食材准备

芹菜…………150 克　　　土豆…………30 克
卷心菜………100 克　　　香菇…………1 个
胡萝卜………30 克　　　蜂蜜…………50 克

料理方法

① 芹菜洗净,切段; 卷心菜洗净,切片; 香菇洗净,切块；胡萝卜、土豆洗净，去皮，切块。
② 土豆、胡萝卜、香菇用水焯熟后捞起沥干。
③ 将全部材料倒入果汁机内，加水适量，搅打成汁。

饮用功效

本饮品选用了丰富的蔬菜品种，具有很强的排毒功效，早晚各饮一杯，能够有效排除体内毒素，改善皮肤黯沉症状。

营养成分

以 100ml 可食蔬果汁计算

膳食纤维	蛋白质	脂肪	碳水化合物
1.3 克	1.7 克	0.6 克	22.1 克

卷心菜蜜瓜汁

● 通便利尿 + 清热解燥

营养成分

以 100ml 可食蔬果汁计算

膳食纤维	蛋白质	脂肪	碳水化合物
3.5 克	2.2 克	0.9 克	16 克
维生素 B_1	维生素 B_2	维生素 E	维生素 C
0.1 毫克	0.1 毫克	1.1 毫克	60.1 毫克

卷心菜档案

产地	性味	归经	保健作用
河北 山东	性平 味甘	胃、肾经	清热利湿 益肾补虚

成熟周期：

当年 ◄

结果 结果

| 1月 | 2月 | 3月 | 4月 | 5月 | **6月** | **7月** | 8月 | 9月 | 10月 | 11月 | 12月 |

| 1月 | 2月 | 3月 | 4月 | 5月 | 6月 | 7月 | 8月 | 9月 | 10月 | 11月 | 12月 |

次年 ◄

食材准备

卷心菜………100 克　　蜂蜜………10 克
哈蜜瓜………60 克　　冰块………少许
柠檬………30 克

🔥 料理方法

① 卷心菜叶洗净，卷成卷；哈蜜瓜洗净，去皮、籽；柠檬连皮切成块。

② 将卷心菜、哈蜜瓜、柠檬放入榨汁机内榨汁。

③ 将果汁倒入杯中，加入蜂蜜调味，加冰块即可。

饮用功效

本饮品具有增进食欲、促进消化、预防便秘的功效，对溃疡有着良好的治疗作用。卷心菜和哈蜜瓜都有通便利尿的功效，能清热解燥。

👩‍⚕️ 卷心菜的挑选小窍门

卷心菜的叶球要坚硬紧实，松散的表示包心不紧，不要购买。另外，叶球虽坚实，但顶部隆起，表示球内开始抽薹，中心柱过高，食用口感变差，因此也不要选购。

葡萄生菜梨汁

● **安神助眠，清脂减肥**

蔬果汁热量 **62kcal/100ml**

操作方便度 ★★★☆☆
推荐指数 ★★★★☆

食材准备

葡萄……………150 克	柠檬…………30 克
生菜…………50 克	冰块……………少许
梨……………100 克	

🍳 料理方法

① 将葡萄、生菜充分洗净，梨去皮、核，切块。
② 柠檬洗净后，带皮切成薄片。
③ 将葡萄用生菜包裹，与梨顺序交错地放入榨汁机内榨汁。
④ 将柠檬放入榨汁机内榨汁调味，再加少许冰块即可。

🥛 饮用功效

葡萄生菜梨汁结合了三种蔬果食材的优点，具有清热解毒、补虚益肾的作用，能够促进人体排毒，洗尽肠毒，一身轻松。

👨‍🍳 生菜的挑选小窍门

购买球形生菜要选择松软叶绿、大小适中的，质地很硬的口感差；买散叶生菜时，要选择大小适中，叶片肥厚、鲜嫩的。

营养成分

以 100ml 可食蔬果汁计算

膳食纤维	蛋白质	脂肪	碳水化合物
5.1 克	1.9 克	1.2 克	10.6 克
维生素 B_1	维生素 B_2	维生素 E	维生素 C
0.1 毫克	0.3 毫克	4.4 毫克	12 毫克

生菜档案

产地	性味	归经	保健作用
江苏 江西	性冷 味甘	胃、肾经	清热利湿 益肾补虚

成熟周期：

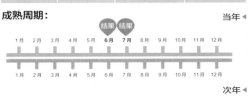

当年 ◀

| 1月 | 2月 | 3月 | 4月 | 5月 | 6月 结果 | 7月 结果 | 8月 | 9月 | 10月 | 11月 | 12月 |

次年 ◀

清体

苹果

「性味」性凉，味甘、酸。
「归经」脾、肺经。
「功效」润肺止咳、消暑解渴。

白菜苹果汁

「功效」
此饮品可缓解便秘，改善肾病、心脏病，同时还有利尿的功效。

45页

雪梨香蕉苹果汁

「功效」
此饮品甘甜适口，具有消除疲劳、改善便秘、排毒养颜的功效，非常适宜作上班族工作之余品饮。

54页

大头菜(芜菁)

「性味」性温，味辛。
「归经」胃经。
「功效」开胃消食、排除毒素。

草莓芜菁香瓜汁

「功效」
用草莓和大头菜榨制成的果汁可缓解便秘，改善胃肠病、肝病症状等。

50页

芜菁苹果汁

「功效」
本品具有消肿利尿的作用，能促进排尿，常喝此饮可达到清热解毒的目的。

60页

梨

「性味」性寒，味甘、微酸。
「归经」肺、胃经。
「功效」止咳化痰、除烦解渴。

胡萝卜梨汁

「功效」
此饮品能缓解肾脏病、肝病，改善便秘，同时还具有利尿作用。

56页

葡萄生菜梨汁

「功效」
此饮品具有清热解毒、补虚益肾的作用，能够促进人体排毒，洗尽肠毒。

81页

草莓

「性味」性寒、凉，味甘、酸。
「归经」脾、肺经。
「功效」防癌、增强免疫力。

草莓花椰汁

「功效」
经常饮用此蔬果汁能利尿、通便，还可改善不良情绪。

42页

草莓香芹芒果汁

「功效」
此饮品为蔬果的综合汁，口味香甜，对小便短赤、暑热烦躁等有一定的疗效。

79页

桃子

「性味」性热,味甘、酸、辛。
「归经」肠、胃经。
「功效」祛淤止汗、镇咳润肠。

酪梨蜜桃汁

「功效」
　　此饮品具有滋养、柔软肌肤、通便利尿的功效,对排出体内毒素有一定帮助。

45页

蜜桃苹果汁

「功效」
　　此饮品有丰富的粗纤维,可整肠排毒,排除体内的有毒物质。缓解肾脏病、肝病等。

57页

葡萄

「性味」性平,味甘、酸。
「归经」肺、脾、肾经。
「功效」止渴除烦、通利小便。

香芹葡萄菠萝汁

「功效」
　　此饮品能有效地防止便秘,可缓解高血压,对肝、肾病也有一定疗效。

51页

葡萄芜菁梨汁

「功效」
　　对高血压、低血压、肾脏病等都有一定疗效,还能改善面部浮肿以及小便不利等症。

62页

菠萝

「性味」性平,味甘。
「归经」肺、胃经。
「功效」清热解暑、消食止泻。

香柚菠萝草莓汁

「功效」
　　此饮品可防止水肿,并改善便秘症状。另外,对皮肤晒伤也有一定的修复作用。

48页

菠萝果菜汁

「功效」
　　此饮品可以缓解疲劳,且具有润肠通便的功效,非常适宜职场人士经常饮用。

68页

柠檬

「性味」性平,味甘、酸。
「归经」肝、胃经。
「功效」防癌、增强免疫力。

柠檬香瓜橙汁

「功效」
　　此饮品具有滋润皮肤、缓解肾脏病的功效,同时还有利尿功效。将几种瓜果组合在一起榨汁饮用,能使营养更加全面。

62页

西瓜柠檬汁

「功效」
　　能帮助排除体内多余水分。若能在下午三点前饮用此果汁,更能发挥其通便的功效。

56页

第二章

纤体

消脂瘦身蔬果汁

短时间内采取药物医学手段急剧地减重，多少都会造成身体的负效应，但如果平时就能善用天然蔬果汁的神奇魔力，不但简便经济，还能让你在保持身材窈窕之余也兼顾了身体健康。

纤体减肥：让脂肪无所遁形

生活智慧王
　　柳橙能滋润健胃，草莓具有减肥的作用，经常饮用草莓柳橙汁能够抗衰老，使体态健美。

草莓柳橙汁

● 美颜纤体 + 延缓衰老

蔬果汁热量 **87kcal/100ml**

操作方便度 ★★★★☆
推荐指数 ★★★★☆

食材准备

柳橙……150 克　　草莓……50 克
抹茶粉……20 克　　冰糖……10 克

料理方法

① 柳橙洗净，对切压汁；草莓洗净，去蒂切小块。
② 将所有材料放入榨汁机内搅打成汁即可。

饮用功效

　　柳橙中含有丰富的果胶、蛋白质、钙、磷、铁及 B 族维生素、维生素 C、胡萝卜素等多种营养成分，能软化和保护血管、降低胆固醇和血脂，有健胃、祛痰、镇咳、消食、止逆和止胃痛等功效，非常适合在干燥的秋冬季节饮用。

Tips: 柳橙能滋润健胃；草莓具有减肥功效，经常饮用此汁可美白、抗衰老，使体态健美。

营养成分

以 100ml 可食蔬果汁计算

膳食纤维	蛋白质	脂肪	碳水化合物
1.9 克	1.2 克	0.2 克	20.2 克
维生素 B_1	维生素 B_2	维生素 E	维生素 C
0.1 毫克	0.3 毫克	0.7 毫克	51 毫克

科学食用宜忌

宜 柳橙营养丰富，对多种慢性病均有良好食疗作用。

忌 过量食用柳橙会引起全身变黄的症状。

草莓蜜桃菠萝汁

● 防治便秘 + 健胃强身

蔬果汁热量 **77kcal/100ml**

操作方便度 ★★★☆☆
推荐指数 ★★★★☆

食材准备

草莓……80 克　　水蜜桃……50 克
菠萝……70 克　　冷开水……100 毫升

料理方法

① 草莓洗净去蒂；水蜜桃去皮、去核后切成小块；菠萝去皮，切块。
② 将所有材料放入榨汁机内搅打 30 秒。
③ 将果汁倒入杯中，加入碎冰即可。

饮用功效

　　桃子富含矿物质、微量元素、B 族维生素、维生素 E 等多种对人体健康有益的成分。吃桃可以解渴、滋润肌肤、活血化淤等。此外，桃子中还含有多种纤维，有润肠作用，可防治便秘。

Tips: 草莓含有天冬氨酸，具有健胃、减肥的功效，经常饮用此汁可使体态健美。

营养成分

以 100ml 可食蔬果汁计算

膳食纤维	蛋白质	脂肪	碳水化合物
2.1 克	1.4 克	0.6 克	10.7 克
维生素 B_1	维生素 B_2	维生素 E	维生素 C
0.1 毫克	0.2 毫克	5.7 毫克	16.5 毫克

科学食用宜忌

宜 桃子去皮吃口感更好，也能避免部分人对桃子表皮的毛过敏。

忌 桃子性温、味甘甜，不宜多食，且不宜与龟、蟹同食。

黄瓜水果汁

● 窈窕瘦身＋润泽肌肤

蔬果汁热量 153.1kcal/100ml

操作方便度 ★★★★☆
推荐指数 ★★★☆☆

营养成分

以 100ml 可食蔬果汁计算

膳食纤维	蛋白质	脂肪	碳水化合物
2.6 克	2.5 克	1.4 克	34 克
维生素 B₁	维生素 B₂	维生素 E	维生素 C
0.1 毫克	0.3 毫克	3.1 毫克	40.5 毫克

黄瓜档案

产地	性味	归经	保健作用
山东河北	性寒味甘	肺、胃、大肠经	清热利水解毒消肿

成熟周期：

当年
结果（6月） 结果（7月） 结果（8月） 结果（9月）
1月 2月 3月 4月 5月 6月 7月 8月 9月 10月 11月 12月

1月 2月 3月 4月 5月 6月 7月 8月 9月 10月 11月 12月

次年

食材准备

黄瓜…………250 克　　柠檬…………30 克
苹果…………150 克　　冰糖…………15 克

料理方法

① 黄瓜洗净，切开，切成小块。
② 苹果洗净，去皮、去核，切块。
③ 柠檬洗净，切成片。
④ 以上各种原材料放入榨汁机内榨成汁，再加入冰糖拌匀即可。

饮用功效

　　此饮品可延缓皮肤衰老，丰富的 B 族维生素，可防止口角炎、唇炎，还能润滑皮肤，保持苗条身材。

黄瓜的挑选小窍门

　　选购黄瓜，色泽应亮丽，外表有刺状凸起更好。若手摸发软，已经变黄，则黄瓜籽多粒大，已经不是新嫩的黄瓜了。

番茄蜂蜜饮

● 养颜美容 + 减脂塑身

蔬果汁热量 29kcal/100ml

操作方便度 ★★★★☆
推荐指数 ★★★★★

食材准备

番茄┄┄┄200 克　　冰块┄┄┄┄适量
蜂蜜┄┄┄30 毫升

料理方法

① 番茄洗净，去蒂后切成块。
② 再将冰块、番茄及其他材料放入榨汁机高速搅拌 40 秒即可。

饮用功效

　　番茄富含维生素 C 和番茄红素，是美容瘦身的圣品。番茄还具有抗氧化功能，能防癌，且可对动脉硬化患者产生很好的作用。

蜂蜜的挑选小窍门一

　　不纯的蜂蜜闻起来会有水果糖或人工香精味，掺有香料的蜂蜜有异常香味，纯蜂蜜气味天然，有淡淡的花香。

营养成分

以 100ml 可食蔬果汁计算

膳食纤维	蛋白质	脂肪	碳水化合物
3.5 克	0.5 克	1.5 克	1.1 克
维生素 B_1	维生素 B_2	维生素 E	维生素 C
0.2 毫克	0.1 毫克	0.3 毫克	9 毫克

番茄档案

产地	性味	归经	保健作用
四川 河北	性微寒，味甘、酸	肝、胃、肺经	生津止渴 清热解毒

成熟周期：

结果 结果　　　　　　　　　　　　　　　　　　当年 ◄

| 1月 | 2月 | 3月 | 4月 | 5月 | 6月 | 7月 | 8月 | 9月 | 10月 | 11月 | 12月 |

| 1月 | 2月 | 3月 | 4月 | 5月 | 6月 | 7月 | 8月 | 9月 | 10月 | 11月 | 12月 |

次年 ◄

枇杷菠萝蜜

● 消脂润肤＋整肠通便

蔬果汁热量 **125.3kcal/100ml**

操作方便度 ★★★★☆
推荐指数 ★★★☆☆

食材准备

枇杷………150 克　　蜂蜜………10 毫升
香瓜………50 克　　冷开水…… 150 毫升
菠萝…… …100 克

料理方法

① 将香瓜洗净，去皮，切成小块。
② 菠萝去皮，切成块；枇杷洗净，去皮、核。
③ 将蜂蜜、水和准备好的材料放入榨汁机内榨成汁即可。

饮用功效

　　冷藏 10 分钟或加入冰块后饮用效果会更佳。此饮品可以美白消脂，润肤丰胸，是纤体的最佳饮品之一。

营养成分

以 100ml 可食蔬果汁计算

膳食纤维	蛋白质	脂肪	碳水化合物
1.8 克	1.9 克	1 克	31.8 克

麦片木瓜奶昔

● 帮助消化＋分解脂肪

蔬果汁热量 **70.2kcal/100ml**

操作方便度 ★★★★☆
推荐指数 ★★★★☆

食材准备

麦片…… ……5 克　　脱脂鲜奶…… 100 毫升
木瓜…… …150 克

料理方法

① 将木瓜清洗干净，去皮，把果肉切成小块。
② 麦片放入温水中浸泡 15 分钟。
③ 将所有原材料拌匀倒入果汁机内，以慢速搅打 30 秒，倒出即可饮用。

饮用功效

　　木瓜具有助消化、消暑解渴、润肺止咳的功效。经常食用具有平肝和胃、舒筋活络、软化血管、抗菌消炎、抗衰养颜、抗癌防癌的效果。

营养成分

以 100ml 可食蔬果汁计算

膳食纤维	蛋白质	脂肪	碳水化合物
2.6 克	3.2 克	3 克	7.8 克

草莓柳橙蜜

● 美白消脂 + 润肤丰胸

蔬果汁热量 **147kcal/100ml**

操作方便度 ★★★★☆
推荐指数 ★★★★☆

食材准备

草莓……………60 克　　　蜂蜜…………30 克
柳橙……………80 克　　　碎冰…………60 克
鲜奶…………90 毫升

料理方法

① 草莓洗净，去蒂，切成块。
② 柳橙洗净，对切压汁。
③ 把除碎冰外的材料放入果汁机内，高速搅拌
　 30 秒。
④ 倒出果汁加入碎冰即可。

饮用功效

　　草莓有利尿消肿、改善便秘的作用，柳橙
能降低胆固醇和血脂，改善皮肤干燥，故此饮
品可美白消脂，润肤丰胸，是纤体佳品之一。

营养成分			以 100ml 可食蔬果汁计算
膳食纤维	蛋白质	脂肪	碳水化合物
3.5 克	2.1 克	1.7 克	24.5 克

柠檬苹果汁

● 祛脂降压 + 纤体塑形

蔬果汁热量 **43kcal/100ml**

操作方便度 ★★★★☆
推荐指数 ★★★★☆

食材准备

苹果……100 克　　　冷开水……60 毫升
柠檬…………30 克　　　碎冰…………60 克

料理方法

① 苹果洗净，去皮、去核后切成小块。
② 柠檬洗净压汁。
③ 再将碎冰除外的材料放入果汁机内拌匀。
④ 果汁倒入杯中加入碎冰即可。

饮用功效

　　苹果能降低血液胆固醇、保持血糖稳定、
降低过旺的食欲，有利于减肥。苹果汁能调节
胃肠功能、治疗腹泻、预防蛀牙。柠檬具有止
渴生津、祛暑、健胃、止痛等功效。

营养成分			以 100ml 可食蔬果汁计算
膳食纤维	蛋白质	脂肪	碳水化合物
1.3 克	0.2 克	0.3 克	11.4 克

生活智慧王

　　诸多蔬果汁中都会加入冰糖调味，但是在服用一些药物期间，要避免食用冰糖，否则会引起腹胀、腹泻及腹痛等不适，另外服药期间的饮食还要遵医嘱。

菠萝柳橙汁

● 消炎排毒＋促进消化

蔬果汁热量 **79.3kcal/100ml**

操作方便度 ★★★☆☆
推荐指数 ★★★★☆

食材准备

菠萝………100 克	柳橙………50 克
蛋黄………15 克	蜂蜜………10 克
冷开水…45 毫升	冰块……100 克

料理方法

① 菠萝去皮后切小块压汁；柳橙洗净，对切后压汁备用。
② 将菠萝汁及其他材料倒入摇杯中盖紧，摇动 10 ～ 20 下，再倒入杯中。

饮用功效

　　蛋黄中含有促进大脑、骨骼发育的成分，幼儿、青少年、孕妇和营养不良的人群应适量食用，做成果汁后饮用效果更佳。

Tips： 此蔬果汁具有帮助消化、利尿、降血压的功效。

营养成分

以 100ml 可食蔬果汁计算

膳食纤维	蛋白质	脂肪	碳水化合物
1.3 克	1.8 克	0.5 克	16.5 克
维生素 B$_1$	维生素 B$_2$	维生素 E	维生素 C
0.1 毫克	0.7 毫克	—	27.4 毫克

科学食用宜忌

宜 鸡蛋以煮、蒸的方法食用最好，普通人一天吃一个鸡蛋足够。

忌 患高脂血症、高血压病、冠心病、血管硬化的患者则不宜多食。

消脂菠萝汁

● 促肠蠕动＋消脂瘦身

蔬果汁热量 **94kcal/100ml**

操作方便度 ★★★★☆
推荐指数 ★★★☆☆

食材准备

菠萝… …250 克	冰糖……适量
碎冰块………60 克	

料理方法

① 菠萝去皮后切小块。将菠萝块用稀盐水或糖水浸泡一会。
② 将所有材料放入果汁机内，高速搅拌 30 秒即可。

饮用功效

　　冰糖的理化性质与精炼砂糖相同，通常用作中药引子，在不少国家被当作医治伤风感冒的良药，更受到广大农村消费者的喜爱。

Tips： 菠萝果汁可治疗支气管炎，但对口腔黏膜有刺激作用，血液凝血机能不全者应慎食。

营养成分

以 100ml 可食蔬果汁计算

膳食纤维	蛋白质	脂肪	碳水化合物
4.1 克	2.1 克	0.2 克	34.2 克
维生素 B$_1$	维生素 B$_2$	维生素 E	维生素 C
0.3 毫克	0.5 毫克	—	12 毫克

科学食用宜忌

宜 菠萝应少吃一些。

忌 在服用某些药物时应忌食冰糖，否则可能会引起腹胀、腹痛甚至腹泻。

排毒纤体：塑造完美 S 曲线

生活智慧王

　　胡萝卜香瓜菜汁中的香瓜，其蒂部含有毒素，生食过量会使人中毒，尤其是有吐血、咳血、胃溃疡的病人要谨慎食用。

胡萝卜香瓜汁

● 清热解毒＋促进代谢

蔬果汁热量 **83kcal/100ml**

操作方便度 ★★★★☆
推荐指数 ★★★★☆

食材准备

胡萝卜……100 克　　香瓜……80 克
小白菜………60 克　　冰块………适量

料理方法

① 胡萝卜洗净切成小块；香瓜洗净去籽切小块。

② 小白菜洗净去黄叶，撕成小块。

③ 将准备好的材料和冰块一起放入榨汁机内榨成汁即可。

饮用功效

　　香瓜品种繁多，各种香瓜均含有苹果酸、葡萄糖、氨基酸、维生素 C 等营养物质。香瓜果肉生食，可止渴清燥，消除口臭等；香瓜籽可清热解毒利尿；香瓜蒂可作外用药。

Tips: 可以加入少许柠檬汁，味道则会更佳。

营养成分

以 100ml 可食蔬果汁计算

膳食纤维	蛋白质	脂肪	碳水化合物
2.6 克	2.9 克	0.7 克	15.1 克
维生素 B$_1$	维生素 B$_2$	维生素 E	维生素 C
0.1 毫克	0.1 毫克	1.7 毫克	55 毫克

科学食用宜忌

宜 香瓜气味馨香，口感脆甜，除了生吃，还可以与鸡肉炒制成菜。

忌 香瓜蒂有毒，生食过量会中毒。有吐血、咳血、胃溃疡及心脏病患者均慎食。

苹果香芹梅汁

● 生津止渴＋祛脂减肥

蔬果汁热量 **100kcal/100ml**

操作方便度 ★★★★☆
推荐指数 ★★★★☆

食材准备

苹果……150 克　　香芹……100 克
柠檬………30 克　　青梅……20 克

料理方法

① 苹果洗净，切成大小适当的块；青梅洗净，对切；香芹洗净，切成小段；柠檬洗净，对切。

② 将所有材料放入榨汁机内榨成汁即可。

饮用功效

　　青梅味酸、性温，能敛肺止咳，生津止渴，对痢疾、崩漏等症都有明显的治疗功效。青梅中含有柠檬酸、琥珀酸等成分，能使胆囊收缩，促进胆汁分泌，可抗癌、抗菌、延缓衰老、减肥等。

Tips: 此汁除能瘦身外，还可预防肠胃疾病。

营养成分

以 100ml 可食蔬果汁计算

膳食纤维	蛋白质	脂肪	碳水化合物
2.2 克	1.4 克	1 克	21 克
维生素 B$_1$	维生素 B$_2$	维生素 E	维生素 C
0.1 毫克	0.2 毫克	1.7 毫克	19 毫克

科学食用宜忌

宜 青梅可与许多中药搭配，制成很好的药膳。

忌 青梅酸敛之性很强，故有实热积滞者不宜食用。

蜜李鲜奶

● 排毒塑身 + 利尿消肿

营养成分

以 100ml 可食蔬果汁计算

膳食纤维	蛋白质	脂肪	碳水化合物
0.7 克	0.9 克	0.4 克	9.2 克
维生素 B_1	维生素 B_2	维生素 E	维生素 C
0.1 毫克	0.3 毫克	0.3 毫克	34.4 毫克

养颜小贴士

经常食用鲜李子，能使颜面光洁如玉，用李子做酒更有良好的养颜功效。制作李子酒：李子 15 个洗净，在顶部切"十"字，和 50 克冰糖一起加入 500 毫升白酒中，浸泡 1 个月后。每次饮用 30 毫克，可有悦面养容的神奇功效。

食材准备

李子………80 克　　鲜奶……240 毫升
蛋黄………15 克　　冰糖………10 克

料理方法

① 李子洗净，去核，切大丁。
② 将全部材料放入果汁机内，搅拌 2 分钟即可。

饮用功效

李子含丰富的苹果酸、柠檬酸等，可止渴、消水肿、利尿。经常饮用这款蔬果汁有助于美容瘦身。

李子储存的小窍门

采收的新鲜李子去梗，剔除病虫、伤烂果后，装入塑料薄膜小袋，每袋装 1 公斤左右，密封后置于 −1℃ 的温度条件下，可保存 2 个月。

山药苹果优酪乳

● 消脂丰胸 + 延缓衰老

蔬果汁热量 **274kcal/100ml**

操作方便度 ★★★★☆

推荐指数 ★★★☆☆

食材准备

鲜山药……200 克	酸奶………150 毫升
苹果……100 克	冰糖…………20 克

🍳 料理方法

① 将山药洗干净，削皮，切成小块。

② 苹果洗干净，去皮，切成小块。

③ 将准备好的材料放入果汁机内，倒入酸奶、冰糖搅打即可。

🥛 饮用功效

　　此饮品可以丰胸消脂、抗衰老。脾胃较弱、消化不良、胀气者应减量服用。山药有收涩的作用，故大便燥结者不宜食用。

👨‍🍳 山药的挑选小窍门

　　首先要看重量，大小相同的山药，较重的更好；其次看须毛，同一品种的山药，须毛越多的越好；须毛越多的山药口感更面，含山药多糖更多，营养也更好。最后再看横切面，山药的横切面肉质应呈雪白色，这说明是新鲜的，若呈黄色似铁锈的则不宜购买。

营养成分

以 100ml 可食蔬果汁计算

膳食纤维	蛋白质	脂肪	碳水化合物
2.6 克	6.2 克	3.5 克	59.5 克
维生素 B_1	维生素 B_2	维生素 E	维生素 C
0.2 毫克	0.2 毫克	3.7 毫克	29 毫克

山药档案

产地	性味	归经	保健作用
安徽 河南	性平 味甘	肺、脾、肾经	补益脾胃 益肺养肾

成熟周期：

当年 ◀

结果 结果 结果 结果 结果

| 1月 | 2月 | 3月 | 4月 | 5月 | 6月 | 7月 | 8月 | 9月 | 10月 | 11月 | 12月 |

| 1月 | 2月 | 3月 | 4月 | 5月 | 6月 | 7月 | 8月 | 9月 | 10月 | 11月 | 12月 |

次年 ◀

柳橙猕猴桃汁

● 促进消化 + 缓解便秘

蔬果汁热量 149.8kcal/100ml

操作方便度　★★★★☆
推荐指数　　★★★☆☆

营养成分

以 100ml 可食蔬果汁计算

膳食纤维	蛋白质	脂肪	碳水化合物
1.7 克	1 克	1 克	35.6 克
维生素 B$_1$	维生素 B$_2$	维生素 E	维生素 C
0.3 毫克	0.1 毫克	0.9 毫克	213 毫克

猕猴桃档案

产地	性味	归经	保健作用
浙江陕西	性寒，味甘、酸	脾、胃经	清热生津利尿止渴

成熟周期：

							结果	结果	结果		当年
1月	2月	3月	4月	5月	6月	7月	8月	9月	10月	11月	12月
1月	2月	3月	4月	5月	6月	7月	8月	9月	10月	11月	12月

次年

食材准备

猕猴桃……150 克　　蜂蜜………15 毫升
柳橙…………60 克　　碎冰…………80 克

料理方法

① 将猕猴桃洗净，对切后挖出果肉备用。
② 柳橙洗净，对切，压汁。
③ 碎冰、猕猴桃及其他材料放入果汁机内，以高速搅打 30 秒即可。

饮用功效

　　此饮品有解热、止渴的功效，能改善食欲不振、消化不良，还可以抑制致癌物质的产生。

猕猴桃的挑选小窍门

　　猕猴桃果形呈椭圆形，表面光滑无皱，果脐小而圆并且向内收缩，果皮呈均匀的黄褐色，富有光泽，果毛细而不易脱落者，说明其品种优良、口感出众。

葡萄菠萝蜜奶

● 代谢毒素 + 减脂瘦身

蔬果汁热量 **88.7kcal/100ml**

操作方便度 ★★★★☆
推荐指数 ★★★★☆

食材准备

白葡萄……50 克	菠萝……150 克
柳橙……30 克	鲜奶……60 毫升

料理方法

① 白葡萄洗净，去皮、去籽。
② 柳橙洗净，切块，压汁。
③ 菠萝去皮，切块。
④ 将碎冰以外的材料放入果汁机，搅打后倒入杯中再加碎冰即可。

饮用功效

　　葡萄有舒筋活血、助消化、抗癌防老、通利小便的作用；菠萝也可助消化、利尿。常饮此汁有助于身体排毒。

葡萄的挑选小窍门

　　外观新鲜，颗粒饱满，外有白霜者，品质最佳。成熟度适中的葡萄，颜色较深、较鲜艳，如玫瑰香葡萄为黑紫色、巨峰葡萄为黑紫色、马奶葡萄为黄白色等。

营养成分

以 100ml 可食蔬果汁计算

膳食纤维	蛋白质	脂肪	碳水化合物
1.2 克	0.8 克	1.2 克	32.4 克
维生素 B_1	维生素 B_2	维生素 E	维生素 C
0.1 毫克	0.2 毫克	0.2 毫克	26 毫克

葡萄档案

产地	性味	归经	保健作用
山东 河南	性平 味甘	肺、脾、肾经	止渴除烦 通利小便

成熟周期：

结果 结果 结果　　当年 ◀

| 1月 | 2月 | 3月 | 4月 | 5月 | 6月 | 7月 | 8月 | 9月 | 10月 | 11月 | 12月 |

| 1月 | 2月 | 3月 | 4月 | 5月 | 6月 | 7月 | 8月 | 9月 | 10月 | 11月 | 12月 |

次年 ◀

葡萄香芹汁

● 清脂润肤 + 整肠通便

蔬果汁热量 119.8kcal/100ml

操作方便度 ★★★★☆
推荐指数 ★★★★☆

食材准备

葡萄…………80 克　　　酸奶…………240 毫升
西芹…………60 克

🍲 料理方法

① 将葡萄洗干净，去掉葡萄籽。
② 将香芹择叶洗干净，叶子撕成小块，备用。
③ 将所有材料放入果汁机内搅打成汁即可。

💿 饮用功效

　　这款蔬果汁含有丰富的膳食纤维，加上乳酸菌可以使腹部清爽，还具有消除疲劳的功效。

营养成分

			以 100ml 可食蔬果汁计算
膳食纤维	蛋白质	脂肪	碳水化合物
1.4 克	6.5 克	6.2 克	10.3 克

香瓜柠檬苹果汁

● 排毒消脂 + 促进代谢

蔬果汁热量 92kcal/100ml

操作方便度 ★★★★☆
推荐指数 ★★★★☆

食材准备

香瓜…………80 克　　　柠檬…………50 克
苹果…………100 克　　　冰块…………适量

🍲 料理方法

① 香瓜洗净，去瓜蒂、去籽，削皮，切成小块。
② 将苹果洗净，去皮、去核，切成块。
③ 将准备好的材料倒入榨汁机内榨成汁。
④ 挤入柠檬汁，调入冰块即可。

💿 饮用功效

　　这款果汁有美容纤体的功效，还可以改善高血压症状。

营养成分

			以 100ml 可食蔬果汁计算
膳食纤维	蛋白质	脂肪	碳水化合物
1.3 克	2.4 克	1 克	17.6 克

黄瓜柠檬汁

● 美容纤体 + 清热解暑

蔬果汁热量 **66kcal/100ml**

操作方便度 ★★★★☆
推荐指数 ★★★★☆

食材准备

黄瓜…………200 克　　冰糖…………10 克
柠檬…………50 克

料理方法

① 黄瓜洗净，去蒂，用热水烫后备用。
② 柠檬清洗干净后切成片状。
③ 将黄瓜切碎，与柠檬一起放入榨汁机内，加少许水榨成汁。
④ 取汁，放入冰糖拌匀即可。

饮用功效

　　黄瓜具有清热、解暑、利尿的功效。这款蔬果汁还有美容纤体的作用。

营养成分

以 100ml 可食蔬果汁计算

膳食纤维	蛋白质	脂肪	碳水化合物
2.1 克	2.9 克	1.2 克	10.7 克

番茄蜂蜜汁

● 润肠通便 + 强心健体

蔬果汁热量 **48.7kcal/100ml**

操作方便度 ★★★★☆
推荐指数 ★★★★☆

食材准备

番茄…………200 克　　蜂蜜………30 毫升
冷开水………50 毫升　　冰块…………100 克

料理方法

① 将番茄洗干净，去蒂后切成小块，备用。
② 将冰块、番茄及其他原材料一起放入果汁机中，高速搅拌 40 秒即可。

饮用功效

　　蜂蜜能改善血液的成分，促进心脏和血管功能，对肝脏也有保护作用，能促进肝细胞再生，对脂肪肝的形成也有一定的抑制作用。

营养成分

以 100ml 可食蔬果汁计算

膳食纤维	蛋白质	脂肪	碳水化合物
3.0 克	1.2 克	0.3 克	12.1 克

菠萝木瓜橙汁

● 清心润肺 + 帮助消化

营养成分

以 100ml 可食蔬果汁计算

膳食纤维	蛋白质	脂肪	碳水化合物
1.3 克	1 克	0.7 克	26.1 克
维生素 B_1	维生素 B_2	维生素 E	维生素 C
0.1 毫克	0.1 毫克	2 毫克	61 毫克

苹果档案

产地	性味	归经	保健作用
河北山东	性平、微寒，味甘	肝、脾经	润肺止咳消暑解渴

成熟周期：

结果 结果   当年 ◀

| 1月 | 2月 | 3月 | 4月 | 5月 | 6月 | 7月 | 8月 | 9月 | 10月 | 11月 | 12月 |

| 1月 | 2月 | 3月 | 4月 | 5月 | 6月 | 7月 | 8月 | 9月 | 10月 | 11月 | 12月 |

次年 ◀

食材准备

菠萝……………50 克 　柳橙……………80 克
木瓜……………45 克 　碎冰……………30 克
苹果…………150 克

🍳 料理方法

① 菠萝去皮后切成块。
② 木瓜洗净，去皮、籽后切成块。
③ 苹果洗净，去皮、切块。
④ 柳橙洗净，对切后压汁。
⑤ 将除碎冰外的材料放入果汁机，高速搅打 30
　秒倒入杯中，加碎冰即可。

📖 饮用功效

　　此饮品能清心润肺、帮助消化、治胃病，
而木瓜中独有的木瓜碱，还有抗肿瘤的功效。

👨‍🍳 柳橙皮妙用小窍门

　　到了夏季随着气温的升高，蚊子也逐渐多
了起来，我们可以掌握一些驱蚊小窍门来赶走恼
人的蚊虫。可以把柳橙皮晾干后包在丝袜中放在
墙角，散发出来的气味既可以防蚊又清新了空气。

苹莓胡萝卜汁

● 祛脂减肥 + 代谢毒素

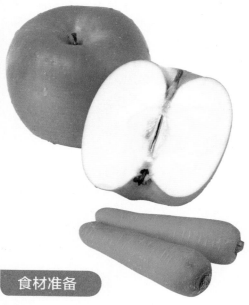

蔬果汁热量 **89kcal/100ml**

操作方便度 ★★★★☆
推荐指数 ★★★★☆

纤体 消脂瘦身蔬果汁

食材准备

苹果…………150 克　　柠檬…………30 克
草莓……………20 克　　碎冰…………60 克
胡萝卜…………50 克

🍳 料理方法

① 苹果洗净，去皮、核，切块。
② 草莓洗净，去蒂，切块。
③ 胡萝卜洗净，切块；柠檬洗净，压汁。
④ 将除碎冰外的材料放入果汁机内搅打，倒入杯中，加碎冰即可。

🥛 饮用功效

　　本饮品营养丰富、热量低。丰富的纤维质有助于排泄，是爱美怕胖人士可选择的饮料。

👩 草莓清洗的小窍门

　　先用流动自来水连续冲洗几分钟，再把草莓浸在淘米水或者淡盐水中 3 分钟，最后用净水冲洗一遍即可。

营养成分

			以 100ml 可食蔬果汁计算
膳食纤维	蛋白质	脂肪	碳水化合物
1.8 克	0.9 克	0.6 克	19.6 克
维生素 B$_1$	维生素 B$_2$	维生素 E	维生素 C
0.1 毫克	0.1 毫克	2 毫克	31 毫克

🍋 养颜小贴士

　　柠檬是营养和药用价值极高的水果，具有很强的抗氧化作用，可延缓衰老、抑制色素沉积等。最简单的食用方法是将柠檬洗净、切片后放入杯中，加入一勺蜂蜜，冲入温开水搅拌一下即可。

仙人掌葡芒汁

● 整肠健胃 + 消脂排毒

操作方便度 ★★★☆☆
推荐指数 ★★★★☆

营养成分			以100ml 可食蔬果汁计算
膳食纤维	蛋白质	脂肪	碳水化合物
5.9 克	2.9 克	1.2 克	26 克
维生素 B$_1$	维生素 B$_2$	维生素 E	维生素 C
0.1 毫克	0.2 毫克	3.5 毫克	97 毫克

养颜小贴士

葡萄堪称水果界的美容大王，含有大量葡萄多酚，具有抗氧化功能，可延缓衰老。将葡萄捣烂后直接涂于脸部，有助于洁肤，还可使皮肤保持柔软、光滑。另外吃葡萄时最好将皮和籽也吃下。

食材准备

葡萄…………120 克　　香瓜………100 克
仙人掌………50 克　　冰块…………适量
芒果…………80 克

料理方法

① 葡萄和仙人掌洗净；香瓜削皮去除种子，切成可放入榨汁机的大小；芒果挖出果肉。
② 冰块放入榨汁机内。
③ 用榨汁机将葡萄、仙人掌、香瓜压榨成汁。
④ 将压榨出的蔬果汁放入容器，加入芒果，充分搅拌后即可。

饮用功效

仙人掌具有清热解毒、消肿的食疗功效，与芒果、葡萄、香瓜所榨成的汁纤体效果明显。

香瓜的保存小窍门

香瓜不适宜冷藏，最好存放在干燥的房间，最好在纸箱里放些报纸，要那种揉得皱巴巴的。另外，气温不要太凉，15~25℃最好。

香蕉苦瓜苹果汁

● 祛脂降糖 + 纤体瘦身

蔬果汁热量 **73kcal/100ml**

操作方便度 ★★★★☆
推荐指数 ★★★★☆

食材准备

香蕉…………100 克　　苹果…………50 克
苦瓜…………100 克　　冷开水…100 毫升

料理方法

① 香蕉去皮，切成块；苹果洗净，去皮、去核，切块。
② 将苦瓜洗净，去籽，切成大小适当的块状。
③ 将全部材料放入果汁机内搅打成汁即可。

饮用功效

此饮品中丰富的维生素 C 可预防感冒，大量的食物纤维可促进脂肪和胆固醇的分解，达到纤体的效果。

香蕉的挑选小窍门

选购香蕉时，要选择颜色鲜黄的。然后要用手捏捏，富有弹性的比较好，如果质地过硬，说明比较生，而太软又可能过熟容易腐烂。

营养成分

以 100ml 可食蔬果汁计算

膳食纤维	蛋白质	脂肪	碳水化合物
6.3 克	2 克	0.4 克	17.4 克
维生素 B$_1$	维生素 B$_2$	维生素 E	维生素 C
0.1 毫克	0.1 毫克	1.9 毫克	130.5 毫克

香蕉档案

产地	性味	归经	保健作用
海南 福建	性寒 味甘	肺、大肠经	润肠通便 润肺止咳

成熟周期：

当年

结果 结果 结果
1月 2月 3月 4月 5月 6月 7月 8月 9月 10月 11月 12月

1月 2月 3月 4月 5月 6月 7月 8月 9月 10月 11月 12月

次年

调节肠道：肠道畅通每一天

生活智慧王

　　猕猴桃中的维生素C含量很高，所以一定要避免与海鲜、牛奶等高蛋白食物一起吃，以免引起不适感。

葡萄猕猴桃汁

● 调节肠胃 + 美容瘦身

蔬果汁热量 **76.3kcal/100ml**

操作方便度 ★★★★☆
推荐指数 ★★★★☆

食材准备

葡萄……120 克　　青椒……20 克
菠萝……100 克　　猕猴桃……50 克

料理方法

① 葡萄去皮，去籽；猕猴桃去皮，切小块。菠萝去皮，切小块；青椒洗净，切小块。

② 将所有材料放入榨汁机内搅打成汁即可。

饮用功效

　　猕猴桃果实含有丰富的碳水化合物、氨基酸，有预防癌症、调节肠胃功能、强化免疫系统、稳定情绪的功效。可用于抗衰老和抑制癌细胞生长。

Tips: 这款蔬果汁可以消除疲劳，同时含有丰富的维生素 C，具有美容瘦身的功效。

营养成分

以 100ml 可食蔬果汁计算

膳食纤维	蛋白质	脂肪	碳水化合物
1.7 克	1 克	1 克	35.6 克
维生素 B$_1$	维生素 B$_2$	维生素 E	维生素 C
0.1 毫克	0.1 毫克	0.9 毫克	346 毫克

科学食用宜忌

宜 选择猕猴桃应该选择捏起来比较硬的，太软的果实容易腐烂，不好存放。

忌 猕猴桃中的维生素 C 的含量很高，因此不宜与海鲜、牛奶等高蛋白食物一起食用。

葡萄萝梨汁

● 调整睡眠 + 促进代谢

蔬果汁热量 **88.8kcal/100ml**

操作方便度 ★★★★☆
推荐指数 ★★★★☆

食材准备

葡萄……120 克　　萝卜……100 克
梨……150 克　　冰块……少许

料理方法

① 葡萄去皮和种子；梨洗净，切块。萝卜洗净，切块。

② 将所有材料放入榨汁机内榨出汁即可。

饮用功效

　　葡萄含有丰富的碳水化合物，其中的褪黑素还可以帮助调节睡眠周期，并能治疗失眠。葡萄中大部分有益物质可以被人体直接吸收，对人体新陈代谢等一系列活动可起到良好的作用。

Tips: 葡萄中含有丰富的维生素 C，可增强体力，有助于肠胃蠕动，排毒养颜。

营养成分

以 100ml 可食蔬果汁计算

膳食纤维	蛋白质	脂肪	碳水化合物
2.9 克	1.5 克	1.2 克	17.4 克
维生素 B$_1$	维生素 B$_2$	维生素 E	维生素 C
0.2 毫克	0.1 毫克	0.4 毫克	54 毫克

科学食用宜忌

宜 近来有研究表明，萝卜所含的纤维木质素有较强的抗癌作用，生吃效果更好。

忌 葡萄含糖很高，性温，因此容易产生内热、便秘或腹泻等副作用，体虚便秘者不宜食用。

玫瑰黄瓜饮

● 固肾利尿 + 清热解毒

蔬果汁热量 147.8kcal/100ml

操作方便度　★★★★☆
推荐指数　　★★★☆☆

营养成分

以 100ml 可食蔬果汁计算

膳食纤维	蛋白质	脂肪	碳水化合物
2.1 克	3.4 克	0.6 克	31.7 克
维生素 B$_1$	维生素 B$_2$	维生素 E	维生素 C
0.2 毫克	0.2 毫克	1.7 毫克	62 毫克

西瓜档案

产地	性味	归经	保健作用
辽宁 山东	性寒 味甘	心、膀胱经	清热解毒 利尿止渴

成熟周期：

当年 ◀

结果 结果 结果 结果

1月 2月 3月 4月 **5月** **6月** 7月 **8月** 9月 10月 11月 12月

1月 2月 3月 4月 5月 6月 7月 8月 9月 10月 11月 12月

次年 ◀

食材准备

黄瓜…………100 克　　柠檬…………30 克
西瓜…………150 克　　蜂蜜…………少许
鲜玫瑰花……25 克　　冷开水………适量

料理方法

① 将西瓜去皮、去籽，切碎；玫瑰花洗净备用，将柠檬切片榨汁。

② 将西瓜、玫瑰捣碎，再加入冷开水，放入果汁机中搅打成汁，去渣取汁。

③ 与单独榨好的柠檬汁搅拌均匀即可。

饮用功效

西瓜汁含钾丰富，且有利尿的作用，对肾脏有益，可促进新陈代谢。

西瓜的挑选小窍门

成熟西瓜的皮一般是比较光滑、有光泽的；另外，瓜成熟后，花纹一般能散开，如果还是紧紧的，那就不宜选择。

番茄蔬果汁

● 清理肠胃＋净化血液

纤体 消脂瘦身蔬果汁

食材准备

番茄………150 克	柠檬…………15 克
西芹………150 克	矿泉水……150 毫升
青椒………10 克	冰块…………适量

料理方法

① 番茄洗净，去蒂，切小块。
② 西芹、青椒洗净，切粒；柠檬切片，用榨汁机榨成汁。
③ 番茄、西芹、青椒、矿泉水、冰块入榨汁机内，慢速搅打 30 秒。
④ 再加入柠檬汁调匀即可。

饮用功效

番茄含有大量的有机酸，有机酸可净化血液及肠胃；西芹中又含有大量的膳食纤维，能够促进排除人体内毒素。此饮品能有效调节肠道，促进健康减肥。

青椒的挑选小窍门

青椒的肉越厚，口感越好，味道也越甜。挑选的时候，要挑色泽鲜亮、个头饱满的；同时还要用手掂一掂、捏一捏。份量沉的，而且不软的都是新鲜的、好的青椒。

营养成分

以 100ml 可食蔬果汁计算

膳食纤维	蛋白质	脂肪	碳水化合物
1.8 克	2.1 克	0.3 克	8.3 克
维生素 B_1	维生素 B_2	维生素 E	维生素 C
0.1 毫克	0.1 毫克	1.2 毫克	29 毫克

青椒档案

产地	性味	归经	保健作用
河北河南	性热味辛	心、脾经	开胃消食

成熟周期：

当年▶

| 1月 | 2月 | 3月 | 4月 | 5月 | 6月 | 7月 | 8月 | 9月 | 结果 10月 | 结果 11月 | 12月 |

| 1月 | 2月 | 3月 | 4月 | 5月 | 6月 | 7月 | 8月 | 9月 | 10月 | 11月 | 12月 |

次年▶

香橙猕猴桃汁

● 调理胃病＋促进消化

蔬果汁热量 **86.6kcal/100ml**

操作方便度 ★★★★☆
推荐指数 ★★★★☆

食材准备

猕猴桃…………100 克　　蜂蜜…………15 克
柳橙…………80 克　　碎冰…………100 克
冰糖水…………30 毫升

🍲 料理方法

① 猕猴桃洗净，对切，挖出果肉。
② 柳橙洗净，切开压汁。
③ 将碎冰除外的其他材料放入果汁机内，高速搅打 30 秒。
④ 最后加入碎冰即可。

📷 饮用功效

　　此饮品可改善消化不良、食欲不振等症状。猕猴桃营养丰富，可整理肠道，对各种肠胃疾病均有一定的调节作用。

营养成分

以 100ml 可食蔬果汁计算

膳食纤维	蛋白质	脂肪	碳水化合物
2 克	0.7 克	0.7 克	20.2 克

橘香卷心菜汁

● 消积止渴＋美容养颜

蔬果汁热量 **86kcal/100ml**

操作方便度 ★★★★☆
推荐指数 ★★★★☆

食材准备

卷心菜…………200 克　　柠檬…………30 克
橘子…………100 克　　冰块…………适量

🍲 料理方法

① 将卷心菜洗干净，撕成小块。
② 将橘子剥去皮，去掉内膜和籽。
③ 柠檬切片备用。
④ 把准备好的材料倒入榨汁机内榨成汁，加入冰块即可。

📷 饮用功效

　　这款蔬果汁有改善消化不良、美容养颜等功效。

营养成分

以 100ml 可食蔬果汁计算

膳食纤维	蛋白质	脂肪	碳水化合物
3.4 克	3.8 克	0.8 克	8.1 克

柳橙果菜汁

● 消食开胃 + 疏肝理气

蔬果汁热量 68kcal/100ml

操作方便度 ★★★★☆
推荐指数 ★★★★☆

食材准备

柳橙············100 克　　芹菜·······50 克
紫包心菜·······100 克　　蜂蜜·······10 克
柠檬···········50 克　　冷开水·······适量

料理方法

① 柳橙洗净榨成汁；柠檬去皮榨成汁。
② 紫包心菜洗净，切小块；芹菜洗净，与紫包心菜一起放入果汁机中。
③ 加入冷开水、柠檬汁、柳橙汁、蜂蜜调匀即可。

饮用功效

　　柳橙可疏肝理气、消食开胃，而紫包心菜可改善内热引起的不适。将柳橙与紫包心菜一起榨汁饮用更加有利于肠道的消化吸收。

营养成分			以 100ml 可食蔬果汁计算
膳食纤维	蛋白质	脂肪	碳水化合物
2.5 克	2.7 克	0.9 克	12.6 克

土豆莲藕汁

● 促肠蠕动 + 改善便秘

蔬果汁热量 78kcal/100ml

操作方便度 ★★★★☆
推荐指数 ★★★☆☆

食材准备

土豆············80 克　　蜂蜜·······20 毫升
莲藕···········150 克　　冰块·······少许

料理方法

① 土豆及莲藕洗净，均去皮煮熟，待凉后切小块。
② 将冰块、土豆及其他材料放入果汁机中，高速搅打 40 秒钟即可。

饮用功效

　　莲藕含铁量较高，故对缺铁性贫血的患者颇为适宜。莲藕的含糖量不算很高，含有丰富的维生素 C 和食物纤维，对于肝病、便秘具有调理作用。

营养成分			以 100ml 可食蔬果汁计算
膳食纤维	蛋白质	脂肪	碳水化合物
1.1 克	2.9 克	0.5 克	35.7 克

好き"に囲ま

生活智慧王
　椰奶性寒，所以不适宜肠胃不
好的人过量饮用。

1．おみやげ(お饅頭)裝量／¥840／CARBOOTS　2．木箱の礼盒入れ¥882／トロイヤー・フント　3．アンティークの洋菓コレ
2．茶色のレザールームシューズ¥3045／ともにユナイテッドアローズ 渋谷本店 スタイルフォーリビング)
木箱のレザールームシューズ¥3045／ウィメンズ館 スタイルフォーリビング)
木箱¥810／アリウス（ユナイテッドアローズ原宿本店　レースパーツ（アンティーク）¥6825／ともにRoche
クロ輪のキャンドル（アンティーク）¥2625／Roche　9．楽のグラスインキャンドル¥3990／アフタヌーンティー・リビング（ブレス）
¥1590、ピンクのクリアボタン¥1580、ベージュの
¥1500／アフタヌーンティ
¥600 チェアー

菠萝草莓橙汁

● 提振食欲 + 消暑止渴

蔬果汁热量 **87kcal/100ml**

操作方便度 ★★★★☆
推荐指数 ★★★★☆

食材准备

菠萝……100 克	草莓……50 克
柳橙………50 克	汽水……20 毫升

料理方法

① 菠萝去皮，切成小块；草莓洗净，去蒂；柳橙洗净，对切后榨汁。

② 将除汽水外的材料倒入果汁机内，高速搅拌30 秒。

③ 将果汁倒入杯中，加入汽水，拌匀即可。

饮用功效

　　用草莓、菠萝以及柳橙制成的果汁酸甜可口，尤其适合于夏季饮用，可解暑止渴，又医食兼备。

Tips： 草莓是鞣酸含量丰富的植物，在体内可吸附和阻止致癌化学物质的吸收，具有防癌作用。

营养成分

以 100ml 可食蔬果汁计算

膳食纤维	蛋白质	脂肪	碳水化合物
0.6 克	0.8 克	0.3 克	10.8 克
维生素 B$_1$	维生素 B$_2$	维生素 E	维生素 C
0.1 毫克	0.1 毫克	0.3 毫克	33.5 毫克

科学食用宜忌

宜 一定要先将菠萝切成片，用盐水或苏打水浸泡 20 分钟，以防止过敏。

忌 因菠萝蛋白酶能溶解纤维蛋白和酪蛋白，故一次不可饮用过多。

柳橙菠萝椰奶

● 清热润肠 + 减肥塑身

蔬果汁热量 **61.7kcal/100ml**

操作方便度 ★★★★☆
推荐指数 ★★★★☆

食材准备

柳橙……80 克	柠檬……30 克
菠萝……60 克	椰奶……45 毫升
碎冰………适量	

料理方法

① 柳橙、柠檬洗净，对切后榨汁；菠萝去皮，切块。

② 将碎冰除外的其他材料放入果汁机内，高速搅打 30 秒，再倒入杯中加入碎冰即可。

饮用功效

　　椰子有生津止渴、祛风湿的功效，常用于清肺胃热、润肠、平肝火。椰子肉中含有多种微量元素和多糖体，营养丰富，常作榨汁用。椰子油还可外用治疗皮肤病。

Tips： 柠檬切开后最好在 12 小时内食用，以避免和空气接触太久，使其营养成分流失。

营养成分

以 100ml 可食蔬果汁计算

膳食纤维	蛋白质	脂肪	碳水化合物
0.7 克	0.9 克	0.4 克	9.2 克
维生素 B$_1$	维生素 B$_2$	维生素 E	维生素 C
0.1 毫克	0.1 毫克	0.3 毫克	34.4 毫克

科学食用宜忌

宜 椰子可供制罐头、椰干、糕饼等食品，用途广泛。每天喝三次椰子制品，可以治肌肤水肿。

忌 椰汁性寒，肠胃不好的人不宜过量饮用。

甜椒蔬果饮

● 促进消化 + 消炎利尿

蔬果汁热量 **96.4kcal/100ml**

操作方便度 ★★★★☆
推荐指数 ★★★☆☆

营养成分

以 100ml 可食蔬果汁计算

膳食纤维	蛋白质	脂肪	碳水化合物
3 克	1.7 克	0.8 克	30.6 克
维生素 B_1	维生素 B_2	维生素 E	维生素 C
0.1 毫克	0.1 毫克	2.6 毫克	58.2 毫克

甜椒档案

产地	性味	归经	保健作用
山东 河南	性热 味辛	心、脾经	开胃消食

成熟周期：

当年 ◀

| 1月 | 2月 | 3月 | 4月 | 5月 | 6月 | 7月 结果 | 8月 结果 | 9月 结果 | 10月 | 11月 | 12月 |

| 1月 | 2月 | 3月 | 4月 | 5月 | 6月 | 7月 | 8月 | 9月 | 10月 | 11月 | 12月 |

次年 ◀

食材准备

苹果…………150 克   草莓……………60 克
菠萝……………50 克   西芹…………100 克
甜椒……………20 克   冷开水…………适量

料理方法

① 将苹果洗净，削皮，去核后切块。
② 将甜椒、西芹、草莓洗择，切块备用。
③ 将所有的材料及冷开水一起放入榨汁机内榨成汁即可。

饮用功效

此饮品具有护肤、防癌、抗老、利尿、助消化、预防感冒的功效。

甜椒的挑选小窍门

挑选甜椒时要注意其颜色是否鲜艳、自然，其品质要求大小均匀，果皮坚实，肉厚质细，脆嫩新鲜，不裂口，无虫咬、无斑点、不软、不烂等。

114　神奇瘦身养颜蔬果汁速查全书

芒果冰糖饮

● 帮助消化 + 健身美体

操作方便度 ★★★★☆
推荐指数 ★★★★★

纤体 消脂瘦身蔬果汁

食材准备

芒果…………150 克　　冰块…………120 克
冷开水………100 克　　冰糖…………适量

料理方法

① 将芒果去皮、去核，备用。
② 将冰块、芒果肉放入搅拌器中搅匀。
③ 加入冰糖和冷开水后一起搅拌成雪状即可。

饮用功效

　　用芒果榨汁饮用可生津止渴，还能治疗胃热烦渴等症。芒果对促进肠道蠕动、增强肠胃功能、帮助消化有一定的作用。

巧切芒果

　　芒果洗净不去皮，以核为中心部分，左右切两刀，分成三份。两边的是肉最多的部位，然后用刀尖切划纵线，再切划横线，只要把肉划开就好，这样切完用手在底部中间向上顶一下，就可以看见漂亮的开着花的芒果果肉了。

营养成分

以 100ml 可食蔬果汁计算

膳食纤维	蛋白质	脂肪	碳水化合物
1.3 克	0.6 克	0.2 克	7 克
维生素 B_1	维生素 B_2	维生素 E	维生素 C
0.1 毫克	0.2 毫克	1.2 毫克	23 毫克

养颜小贴士

　　芒果中维生素 C 的含量高于一般水果，经常食用有滋润肌肤的作用。最简单有效的食用方法是制作芒果芦荟汁，芒果 1 个，芦荟 1 片，酸奶 1 杯，蜂蜜 1 勺，搅打成汁服用。芦荟拥有神奇的消炎、镇定、修复作用，对于易长痘痘的肤质有一定的改善功效。而芒果富含的胡萝卜素，可以活化细胞、促进新陈代谢、防止皮肤粗糙干涩。

草莓柠檬梨汁

● 美容瘦身＋缓解胃病

蔬果汁热量 **55kcal/100ml**

操作方便度 ★★★★☆
推荐指数 ★★★★★

食材准备

草莓………20 克　　柠檬………30 克
梨………150 克　　冰块………适量

料理方法

① 将草莓洗干净，去蒂；梨削皮、去核，切成大小适量的块，柠檬洗净，切片。
② 将准备好的草莓、梨倒入榨汁机内榨成汁。
③ 加入敲碎了的冰块和柠檬片，搅拌均匀即可。

饮用功效

　　这款果汁有美容瘦身的功效，还可以改善胃肠疾病。

营养成分

| | | 以 100ml 可食蔬果汁计算 | |
膳食纤维	蛋白质	脂肪	碳水化合物
1.6 克	0.8 克	0.1 克	5.2 克

绿茶优酪乳

● 清洁血液＋预防肥胖

蔬果汁热量 **113.9kcal/100ml**

操作方便度 ★★★★☆
推荐指数 ★★★★☆

食材准备

绿茶粉………5 克　　酸奶………200 毫升
苹果………150 克

料理方法

① 将苹果洗净，去皮，切成小块，放入果汁机内搅打成汁。
② 放入绿茶粉、酸奶搅拌均匀即可。

饮用功效

　　绿茶含有茶氨酸、儿茶素，可改善血液循环，预防肥胖、中风和心脏病。如果同时或在食后饮用绿茶，可软化血管。绿茶粉可消食化痰、去腻减肥，有利于纤体美容。

营养成分

| | | 以 100ml 可食蔬果汁计算 | |
膳食纤维	蛋白质	脂肪	碳水化合物
0.7 克	3.3 克	3.2 克	17.8 克

番茄海带饮

● 清理肠道＋预防肠癌

蔬果汁热量 **48.5kcal/100ml**

操作方便度 ★★★★☆
推荐指数 ★★★★★

食材准备

番茄……………200 克　　柠檬………20 克
水发海带………50 克　　果糖………20 克

料理方法

① 海带切成片；番茄切成块；柠檬切片。
② 上述材料放入榨汁机中搅打 2 分钟，滤去果菜渣。
③ 将汁倒入杯中加入果糖即可。

饮用功效

　　常吃海带，对头发的生长、滋润、乌亮都具有特殊功效。另外，海带含钙量高，经流行病学调查发现，吃含钙丰富的食物，会降低大肠癌的发病率。

营养成分
以 100ml 可食蔬果汁计算

膳食纤维	蛋白质	脂肪	碳水化合物
1.4 克	2.4 克	0.6 克	8.6 克

哈密瓜柳橙汁

● 清热解燥＋降低血脂

蔬果汁热量 **89.3kcal/100ml**

操作方便度 ★★★★☆
推荐指数 ★★★★☆

食材准备

哈密瓜…………40 克　　蜂蜜………8 毫升
柳橙……………75 克　　碎冰………适量
鲜奶…………100 毫升

料理方法

① 哈密瓜洗净，去皮、去籽，切小块。
② 柳橙洗净，对半切开后榨汁。
③ 将碎冰除外的其他材料放入榨汁机内，高速搅打 30 秒，再倒入杯中加入碎冰即可。

饮用功效

　　此饮品中的哈密瓜可预防贫血和白内障，能防癌，有利小便、止渴、清热解燥，有助于治疗发烧、中暑、口鼻生疮等。柳橙有生津止渴、消食开胃、降低胆固醇和血脂及改善肤质等功效。

营养成分
以 100ml 可食蔬果汁计算

膳食纤维	蛋白质	脂肪	碳水化合物
0.4 克	2 克	2 克	13.8 克

预防水肿：瘦身与消肿兼顾

生活智慧王

小黄瓜蜂蜜饮中添加了木瓜，虽然木瓜很有营养，但是每次不要进食过多，过敏体质者更要慎食。

冬瓜苹果蜜

● 清热解暑＋消肿减肥

蔬果汁热量 **66.6kcal/100ml**

操作方便度 ★★★★☆
推荐指数 ★★★★★

食材准备

冬瓜…………150 克　　苹果……80 克
柠檬…………30 克　　冰糖………少许
冷开水……240 毫升

🔥 料理方法

① 冬瓜去皮、去籽，切成小块；苹果带皮去核，切成小块；柠檬洗净，切片。
② 将所有材料放入榨汁机内，搅打 2 分钟即可。

📷 饮用功效

　　冬瓜具有良好的清热解暑、利尿功效，可预防免生疔疮。因冬瓜中含钠量较低，是慢性肾炎水肿、营养不良性水肿、孕妇水肿的消肿佳品。冬瓜还具有抗衰老的作用，久食可保持皮肤洁白如玉，润泽光滑，并可保持形体健美。

Tips: 此饮品能促进人体新陈代谢、祛脂减肥，适合于想要瘦身纤体的人饮用。

营养成分

以 100ml 可食蔬果汁计算

膳食纤维	蛋白质	脂肪	碳水化合物
1.9 克	0.6 克	0.5 克	16.4 克
维生素 B$_1$	维生素 B$_2$	维生素 E	维生素 C
0.1 毫克	0.2 毫克	1.4 毫克	38 毫克

科学食用宜忌

🈸 冬瓜具有良好的烹调性，采用任何烹饪方式均可。

🈲 冬瓜性寒，故久病者与阴虚火旺者宜少食。

小黄瓜蜂蜜饮

● 紧致肌肤＋瘦身抗老

蔬果汁热量 **71kcal/100ml**

操作方便度 ★★★★★
推荐指数 ★★★★★

食材准备

小黄瓜……150 克　　木瓜……200 克
蜂蜜…………适量　　矿泉水……适量

🔥 料理方法

① 用水洗净小黄瓜、木瓜。将它们的皮除去，去瓤，切片。
② 将木瓜放入煲中，加适量矿泉水。煲滚后改用中火煲 30 分钟。
③ 把小黄瓜放入榨汁机中榨汁，与木瓜水混合，最后在杯中放入蜂蜜调味即可。

📷 饮用功效

　　黄瓜具有利尿消肿的作用。蜂蜜是皮肤的滋生剂，可增加表皮细胞的活性，使皮肤保持红润、白嫩，并消除和减少皱纹，防止皮肤衰老。

Tips: 木瓜味甘，性平，微寒，能助消化、健脾胃、润肺、止咳、消暑解渴。

营养成分

以 100ml 可食蔬果汁计算

膳食纤维	蛋白质	脂肪	碳水化合物
0.5 克	0.8 克	0.2 克	10.2 克
维生素 B$_1$	维生素 B$_2$	维生素 E	维生素 C
0.1 毫克	0.1 毫克	0.5 毫克	9 毫克

科学食用宜忌

🈸 蜂蜜营养丰富，可常食。

🈲 木瓜中含有番木瓜碱，每次食量不宜过多，过敏体质者应慎食。

香芹芦笋苹果汁

● 利水消肿＋护肝防癌

蔬果汁热量 **82.5kcal/100ml**

操作方便度　★★★★☆
推荐指数　　★★★☆☆

营养成分			以 100ml 可食蔬果汁计算
膳食纤维	蛋白质	脂肪	碳水化合物
4.6 克	1.7 克	0.5 克	17.8 克
维生素 B_1	维生素 B_2	维生素 E	维生素 C
0.1 毫克	0.3 毫克	2.5 毫克	82.5 毫克

芦笋档案

产地	性味	归经	保健作用
河南福建	性寒味甘	肺、胃经	清热解毒生津利水

成熟周期：　　　　　　　　　　　　　　　　　　当年 ◀

结果（5月）　结果（6月）　结果（8月）

1月　2月　3月　4月　5月　6月　7月　8月　9月　10月　11月　12月

1月　2月　3月　4月　5月　6月　7月　8月　9月　10月　11月　12月

次年 ◀

食材准备

苹果…………100 克　　　芦笋……………50 克
香芹…………50 克　　　苦瓜…………100 克
青椒…………20 克

🍴 料理方法

① 将苹果去皮、去籽，切块。

② 香芹、青椒、苦瓜、芦笋洗净处理后切块。

③ 将所有材料都放入榨汁机榨成汁即可。

饮用功效

经常食用芦笋对心血管疾病、肾炎、胆结石、肝功能障碍和肥胖均有疗效。本饮品结合了多种蔬果的优点，能够有效排除体内毒素，达到健康减肥的目的。

👩‍🍳 芦笋的挑选小窍门

选购芦笋，以形状正直、笋尖花苞紧密、没有外伤腐臭味为标准，同时还要注意表皮鲜亮不萎缩。用手折之，很容易被折断的最好。

番茄优酪乳

● 纤体美容 + 促进代谢

纤体 消脂瘦身蔬果汁

食材准备

番茄……100 克   酸奶……300 克

料理方法

① 将番茄洗干净，去蒂，切成小块。
② 将切好的番茄和酸奶一起放入搅拌机内，搅拌均匀即可。

饮用功效

番茄可生津止渴、健胃消食，加上酸奶，能帮助肠胃蠕动，代谢体内脂肪，对于美容、纤体都有很好的效果。常吃番茄可使皮肤细滑白皙，但胃溃疡、胃肠病活动期患者应少吃为妙，以免旧病复发。

饮用酸奶小窍门

在饮用酸奶的时候，我们一直有一个误区，就是酸奶到底能否加热饮用。很多人认为加热后的酸奶失去了它本有的营养成分，其实不然，据研究发现，酸奶加热到 40 度左右时，其营养成分会被最大限度地发挥出来，尤其在冬季，我们最好将酸奶适当加热了喝。

营养成分

以 100ml 可食蔬果汁计算

膳食纤维	蛋白质	脂肪	碳水化合物
0.8 克	9.8 克	8.9 克	20.5 克
维生素 B$_1$	维生素 B$_2$	维生素 E	维生素 C
0.1 毫克	0.2 毫克	0.8 毫克	11 毫克

酸奶档案

产地	性味	归经	保健作用
各地均有	性平 味甘、酸	肝、胃、 肺经	生津止渴 润肠通便

成熟周期：全年均有

当年 ◀

| 1月 | 2月 | 3月 | 4月 | 5月 | 6月 | 7月 | 8月 | 9月 | 10月 | 11月 | 12月 |

| 1月 | 2月 | 3月 | 4月 | 5月 | 6月 | 7月 | 8月 | 9月 | 10月 | 11月 | 12月 |

次年 ◀

姜香冬瓜蜜

● 通利小便＋消除水肿

蔬果汁热量 **71kcal/100ml**

操作方便度 ★★★★☆
推荐指数 ★★★★☆

食材准备

冬瓜…………100 克　　冷开水………300 毫升
姜片…………50 克　　蜂蜜…………………10 克

料理方法

① 将冬瓜洗净，去皮切成小块。
② 将切好的冬瓜放入果汁机内，加入冷开水、姜片搅打成汁。
③ 最后加入蜂蜜搅拌即可。

饮用功效

　　这款饮品具有利尿消水肿的功效。

营养成分

以 100ml 可食蔬果汁计算

膳食纤维	蛋白质	脂肪	碳水化合物
1.8 克	1 克	2.3 克	15 克

菠萝苹果汁

● 降低血压＋防止水肿

蔬果汁热量 **78kcal/100ml**

操作方便度 ★★★★☆
推荐指数 ★★★★☆

食材准备

菠萝…………120 克　　冷开水………适量
苹果…………80 克

料理方法

① 将菠萝去皮，切成小块，用磨泥机磨成泥状。
② 苹果洗净，去皮、去核，磨成泥状。
③ 将菠萝、苹果过滤，去渣取汁，加入少许冷开水混合均匀即可。

饮用功效

　　此果汁具有降低胆固醇、降血压、利尿、防止水肿的功效。

营养成分

以 100ml 可食蔬果汁计算

膳食纤维	蛋白质	脂肪	碳水化合物
0.7 克	0.4 克	0.5 克	17.7 克

香菇葡萄蜜

● 利尿消肿＋预防癌症

蔬果汁热量 **56.8kcal/100ml**

操作方便度 ★★★★☆
推荐指数 ★★★★★

食材准备

干香菇……10 克　　　蜂蜜……10 毫升
葡萄……120 克

料理方法

① 香菇洗净，用温水泡软备用。
② 葡萄洗净，与香菇混合放入果汁机中搅打成汁，倒入杯中。
③ 最后调入蜂蜜拌匀即可。

饮用功效

此饮品有助于利尿、消除水肿。要注意吃完葡萄后不能立即喝水，否则容易腹泻。腹泻不是细菌引起的，泻完后会自愈。

营养成分			以 100ml 可食蔬果汁计算
膳食纤维	蛋白质	脂肪	碳水化合物
5.4 克	2.4 克	0.8 克	11 克

西瓜香蕉蜜

● 利尿排水＋补体健身

蔬果汁热量 **161.5kcal/100ml**

操作方便度 ★★★☆☆
推荐指数 ★★★☆☆

食材准备

西瓜瓤……80 克　　　苹果……30 克
香蕉……50 克　　　蜂蜜……30 克
菠萝……60 克　　　碎冰……60 克

料理方法

① 菠萝去皮，切块；柠檬、苹果洗净，去皮、去籽，切成小块备用。
② 香蕉去皮后切成小块。
③ 将碎冰、西瓜块及其他材料放入果汁机，高速搅打 30 秒即可。

饮用功效

西瓜含有大量水分，又含有磷酸、苹果酸、维生素与多种矿物质。本品几种水果结合具有强效的利尿作用。

营养成分			以 100ml 可食蔬果汁计算
膳食纤维	蛋白质	脂肪	碳水化合物
1.3 克	1.6 克	1.1 克	52.2 克

生活智慧王

    在饮用牛蒡活力饮期间，要尽量少吃鸡肉，以免引起肠胃不适。

牛蒡活力饮

● 清热解毒＋利水消肿

蔬果汁热量 **85kcal/100ml**

操作方便度 ★★★★☆
推荐指数 ★★★★☆

食材准备

牛蒡……100 克　　芹菜………80 克
蜂蜜………15 克　　冷开水……200 毫升

料理方法

① 芹菜洗净，切段；牛蒡洗净，去皮，切块。
② 将准备好的材料与冷开水一起榨成汁，加入蜂蜜即可。

饮用功效

　　牛蒡营养丰富，是蔬菜中的珍品，其根、茎、果实均可入药，有清热解毒，降低胆固醇，增强人体免疫力和预防糖尿病、便秘、高血压的功效。牛蒡种子主治外感咳嗽、肺炎、咽喉肿痛等病症。

Tips: 芹菜中的粗纤维，对因便秘引起的肥胖有很好的功效。

营养成分

以 100ml 可食蔬果汁计算

膳食纤维	蛋白质	脂肪	碳水化合物
2.4 克	5.3 克	0.1 克	6.2 克
维生素 B₁	维生素 B₂	维生素 E	维生素 C
0.1 毫克	0.1 毫克	0.2 毫克	7.9 毫克

科学食用宜忌

宜 牛蒡肉质细嫩香脆，既可煮食亦可烧、炒、腌、酱、做汤、沏茶、制汁等。此外，用牛蒡叶搗汁搽涂，可治各种痈疥疮疖。

忌 尽量不要在吃鸡肉的时候饮用本品。

蔬菜精力汁

● 燃烧脂肪＋降压利尿

蔬果汁热量 **48kcal/100ml**

操作方便度 ★★★★☆
推荐指数 ★★★★★

食材准备

芦笋……80 克　　香菜……10 克
洋葱……15 克　　红糖……15 克

料理方法

① 芦笋切丁，放入开水中煮熟，捞起，沥干；香菜洗净切段；洋葱洗净切小丁。
② 将芦笋、香菜、洋葱和红糖倒入果汁机内加水 350 毫升，搅打成汁即可。

饮用功效

　　芦笋所含的天门冬素可以提高肾脏细胞的活性，其中的钾与皂角苷有利尿的作用，适用于体重超标的高血压患者。芦笋粉末通常被作为利尿剂或药茶服用，是燃烧脂肪的理想食品。芦笋几乎对所有的癌症都有一定的辅助疗效。

Tips: 芦笋属碱性蔬菜，不仅有丰富的纤维质，维生素 A、维生素 C 及蛋白质都很丰富。

营养成分

以 100ml 可食蔬果汁计算

膳食纤维	蛋白质	脂肪	碳水化合物
1 克	0.9 克	0.1 克	2.7 克
维生素 B₁	维生素 B₂	维生素 E	维生素 C
0.1 毫克	0.1 毫克	—	29 毫克

科学食用宜忌

宜 芦笋质嫩可口，应避免高温烹煮，以免破坏其中的叶酸，应低温避光保存。

忌 患痛风和糖尿病的患者不宜多食。

橙香菠萝牛奶

● 排毒降脂 + 改善体质

蔬果汁热量 **142.7kcal/100ml**

操作方便度 ★★★☆☆
推荐指数 ★★★★☆

营养成分

以 100ml 可食蔬果汁计算

膳食纤维	蛋白质	脂肪	碳水化合物
0.9 克	2.5 克	2.7 克	21.4 克
维生素 B$_1$	维生素 B$_2$	维生素 E	维生素 C
0.1 毫克	0.1 毫克	0.4 毫克	55.6 毫克

牛奶档案

产地	性味	归经	保健作用
各地均有	性平 味甘	心、脾、 肺、胃经	生津润肠 补益身体

成熟周期：全年均有　　　　　　　　　　当年 ◀

1月	2月	3月	4月	5月	6月	7月	8月	9月	10月	11月	12月

1月	2月	3月	4月	5月	6月	7月	8月	9月	10月	11月	12月

次年 ◀

食材准备

菠萝…………100 克　　　鲜奶………100 毫升
柳橙…………80 克　　　　蛋黄…………1 个
柠檬…………20 克

料理方法

① 菠萝去皮切块，压成汁。

② 柳橙、柠檬洗净，分别压汁。

③ 将菠萝汁、柳橙汁、柠檬汁及其他材料都倒入搅拌杯中，盖紧盖子摇动 10~20 下后，再倒入杯中即可。

饮用功效

　　柠檬有清热、解毒、消炎的作用，可用于治疗食物以及药物中毒、咽喉肿痛、慢性中耳炎等疾病。本饮品能够消除体内毒素、利尿消肿。

牛奶的挑选小窍门

　　根据含脂量的不同，牛奶分为全脂、部分脱脂、脱脂三类。一般低脂或脱脂牛奶特别适合需限制或减少饱和脂肪摄入量的成年人饮用，可降低罹患心脏病的风险。不过，2 岁以下婴儿脑部的发育需要额外脂肪，应该喝全脂牛奶。

哈密木瓜牛奶

● 促进排便 + 利尿消肿

操作方便度　★★★☆☆
推荐指数　　★★★★☆

食材准备

木瓜………150 克　　鲜奶………100 毫升
哈密瓜……40 克　　碎冰………60 克

料理方法

① 木瓜、哈密瓜洗净，去皮、去籽，切成小块。
② 将碎冰、木瓜及其他材料放入果汁机内，高
　速搅打 30 秒即可。

饮用功效

　　木瓜可改善便秘和肠胃不适，哈密瓜铁质
含量高，还有利尿功效，常饮此汁能消水肿，且
对造血功能还有显著的促进作用。

哈密瓜的挑选小窍门

　　挑哈密瓜主要看瓜身上的纹，纹粗且密的，
一般都很甜；再看瓜的形状及重量，瓜身呈椭圆
形较理想，另外如果瓜比较轻说明是空囊的。

营养成分

以 100ml 可食蔬果汁计算

膳食纤维	蛋白质	脂肪	碳水化合物
1.7 克	2.4 克	2.1 克	15.9 克
维生素 B$_1$	维生素 B$_2$	维生素 E	维生素 C
0.1 毫克	0.2 毫克	0.7 毫克	107 毫克

哈密瓜档案

产地	性味	归经	保健作用
新疆	性寒 味甘	肺、胃经	通便益气 清肺止咳

成熟周期：

当年 ◂

结果（7月）　结果（10月）结果（11月）

| 1月 | 2月 | 3月 | 4月 | 5月 | 6月 | 7月 | 8月 | 9月 | 10月 | 11月 | 12月 |

| 1月 | 2月 | 3月 | 4月 | 5月 | 6月 | 7月 | 8月 | 9月 | 10月 | 11月 | 12月 |

次年 ◂

番茄芹柠汁

● 降压抗癌 + 消食利尿

蔬果汁热量　82.5kcal/100ml

操作方便度　★★★☆☆
推荐指数　　★★★★☆

食材准备

番茄………150 克　　冰糖……………少许
芹菜……60 克　　冷开水……240 毫升
柠檬……30 克

料理方法

① 番茄洗净，切成丁。

② 芹菜洗净，切成小段；柠檬洗净，切片。

③ 将所有的材料放入果汁机内搅打 2 分钟即可。

饮用功效

此饮品具有抗癌作用，有清热、消食、生津、利尿等功效。

营养成分

以 100ml 可食蔬果汁计算

膳食纤维	蛋白质	脂肪	碳水化合物
3 克	4.4 克	1.4 克	22.8 克

菠萝香芹汁

● 排毒利尿 + 调节肠胃

蔬果汁热量　108.3kcal/100ml

操作方便度　★★★☆☆
推荐指数　　★★★★☆

食材准备

菠萝……150 克　　蜂蜜……………15 克
柠檬……20 克　　冷开水……60 毫升
香芹……100 克　　冰块……………70 克

料理方法

① 菠萝去皮，切块；柠檬洗净，对切后取一半压汁。

② 香芹去叶，洗净，切小段。

③ 把冰块及所有材料放入果汁机内，高速搅打 40 秒即可。

饮用功效

此饮品有促排便、利尿的作用，对排出体内毒素有相当好的促进作用。

营养成分

以 100ml 可食蔬果汁计算

膳食纤维	蛋白质	脂肪	碳水化合物
1.6 克	1.4 克	0.6 克	26.7 克

小黄瓜苹果汁

● 清理肠道＋缓解水肿

蔬果汁热量 **38kcal/100ml**

操作方便度 ★★★★☆
推荐指数 ★★★★★

食材准备

小黄瓜……200 克　　柠檬…………20 克
苹果…………80 克　　冷开水……240 毫升

料理方法

① 小黄瓜洗净，切成丁。
② 苹果洗净，去核，切成丁。
③ 将所有材料放入榨汁机内，搅打 2 分钟即可。

饮用功效

此饮品具有利尿的作用，可以清理肠道，有助于防止水肿。

营养成分

以 100ml 可食蔬果汁计算

膳食纤维	蛋白质	脂肪	碳水化合物
1.2 克	0.5 克	0.3 克	8 克

苹果优酪乳

● 祛脂降压＋补充营养

蔬果汁热量 **144.7kcal/100ml**

操作方便度 ★★★★☆
推荐指数 ★★★☆☆

食材准备

苹果……………150 克　　冷开水………80 毫升
原味酸奶……75 毫升　　碎冰…………100 克
蜂蜜……………30 克

料理方法

① 苹果洗净，去皮、去核，切成小块备用。
② 苹果及其他材料放入果汁机内，高速搅打 30 秒，加入碎冰即可。

饮用功效

此款优酪乳有助于降低血压和减肥，并有很好的美白功效。

营养成分

以 100ml 可食蔬果汁计算

膳食纤维	蛋白质	脂肪	碳水化合物
0.5 克	1 克	1.8 克	38 克

消脂瘦身蔬果汁索引

黄瓜

「性味」性寒，味甘。
「归经」肺、胃、大肠经。
「功效」清热利水、解毒消肿。

黄瓜水果汁

「功效」
此饮品含丰富的B族维生素，可防止口角炎、唇炎，还能润滑皮肤，保持苗条身材。

88页

小黄瓜苹果汁

「功效」
此饮品具有利尿的作用，可以清理肠道，有助于防止水肿。

129页

牛奶

「性味」性平、微寒，味甘。
「归经」心、肾经。
「功效」生津润肠、补益身体。

橙香菠萝牛奶

「功效」
柠檬有清热、解毒、消炎的作用，可用于治疗食物以及药物中毒、咽喉肿痛、慢性中耳炎等疾病。

126页

蜜李鲜奶

「功效」
李子含丰富的苹果酸、柠檬酸等，可止渴、消水肿、利尿。经常饮用这款蔬果汁有助于美容瘦身。

96页

木瓜

「性味」性平、微寒，味甘。
「归经」肝、脾经。
「功效」润肺止咳、消暑解渴。

麦片木瓜奶昔

「功效」
经常饮用具有平肝和胃、舒筋活络、软化血管、抗菌消炎、抗衰养颜、抗癌防癌的效果。

90页

哈密木瓜牛奶

「功效」
常饮此汁能消水肿，且对造血功能还有显著的促进作用。

127页

冬瓜

「性味」性凉，味甘。
「归经」肺、大肠、小肠、膀胱经。
「功效」清热解毒、除烦止渴。

姜香冬瓜蜜

「功效」
这款蔬果汁具有利尿、消水肿的功效。

122页

冬瓜苹果蜜

「功效」
本品具有抗衰老的作用，久食可保持皮肤洁白如玉，润泽光滑，并可保持形体健美。

119页

番茄

「性味」性微寒，味甘、酸。
「归经」肝、胃、肺经。
「功效」生津止渴、清热解毒。

番茄蜂蜜饮

「功效」
　　本品具有抗氧化功能，能防癌，且可对动脉硬化患者产生良好的疗效。

89页

番茄优酪乳

「功效」
　　本品可生津止渴、健胃消食，促进体内脂肪代谢，对美容、纤体都有显著效果。

121页

柳橙

「性味」性凉，味酸、甘。
「归经」肺经。
「功效」生津止渴、开胃下气。

草莓柳橙蜜

「功效」
　　本品能改善皮肤干燥、美白消脂、润肤丰胸，是纤体佳品之一。

91页

柳橙果菜汁

「功效」
　　将柳橙与包心菜一起榨汁饮用有利于促进肠道的消化吸收功能。

111页

猕猴桃

「性味」性寒，味甘、酸。
「归经」脾、胃经。
「功效」清热生津、利尿止渴。

香橙猕猴桃汁

「功效」
　　此饮品有解热、止渴之功效，能改善食欲不振、消化不良，还可以抑制致癌物质的产生。

110页

葡萄猕猴桃汁

「功效」
　　本品有预防癌症、调节肠胃功能的作用，又可用于抗衰老。

107页

西芹

「性味」性凉，味甘、辛。
「归经」肺、脾、胃经。
「功效」通利小便、清热平肝。

葡萄香芹汁

「功效」
　　此蔬果汁含有丰富的膳食纤维，加上乳酸菌可以使腹部清爽，还具有消除疲劳的功效。

100页

番茄蔬果汁

「功效」
　　此饮品能有效调节肠道，促进健康减肥。

109页

第三章

补体

养颜保健蔬果汁

减肥会经常让你感到虚弱疲倦、食欲不佳、贫血感冒吗？活力十足蔬果汁让你元气满满，不仅变瘦了，而且要瘦得活力四射！瘦不是美的代名词，瘦要瘦得健康美丽。保健养身蔬果汁是你的最佳伙伴。希望延缓衰老、预防癌症吗？防癌抗老蔬果汁让你青春永驻、容颜不老！

动力十足：瘦身后活力四射

胡萝卜桑葚苹果汁

● 增强体力＋改善视力

蔬果汁热量　90.5kcal/100ml

操作方便度　★★★☆☆
推荐指数　　★★★★☆

			以 100ml 可食蔬果汁计算
膳食纤维	蛋白质	脂肪	碳水化合物
2.4 克	1.4 克	0.7 克	23.6 克
维生素 B$_1$	维生素 B$_2$	维生素 E	维生素 C
0.2 毫克	0.1 毫克	4 毫克	13.6 毫克

桑葚档案

产地	性味	归经	保健作用
新疆	性微寒 味甘、酸	心、肝、 肾经	生津止渴 润肠通便

成熟周期：　　　　　　　　　　　　　　　　　　当年 ◀

结果　结果

1月　2月　3月　4月　5月　6月　7月　8月　9月　10月　11月　12月

1月　2月　3月　4月　5月　6月　7月　8月　9月　10月　11月　12月

次年 ◀

食材准备

苹果…………150 克　　　桑葚……………30 克
胡萝卜………80 克　　　蜂蜜……………10 毫升
柠檬…………30 克

料理方法

① 苹果洗净，去皮、核，切成小块；柠檬切块。

② 胡萝卜洗净，去皮，切成大小适当的块；将桑葚清洗干净。

③ 将除蜂蜜以外的材料放入榨汁机内搅打成汁，最后加蜂蜜拌匀即可。

饮用功效

　　苹果和胡萝卜都富含维生素 A、柠檬酸、苹果酸，可以改善视力、增强抵抗力。

桑葚的选购小窍门

　　选择颗粒比较饱满、厚实、没有出水、比较坚挺的。如果桑葚颜色比较深，味道比较甜，而里面比较生，有可能是经过染色的。

番茄胡萝卜汁

● 缓解过敏 + 美化肌肤

食材准备

胡萝卜…………80 克　　山竹…………50 克
番茄……………80 克　　蜂蜜…………10 克

料理方法

① 先将番茄洗净，切成小块备用。
② 山竹去皮。
③ 胡萝卜洗净，去皮，切成小块。
④ 将番茄与胡萝卜、山竹放入果汁机内搅打成
　 汁，再加入蜂蜜拌匀即可。

饮用功效

　　这款蔬果汁富含维生素 A、维生素 C，可
以改善过敏体质，并可以塑形美容、缓解疲劳。

山竹的挑选小窍门

　　选购时应该挑中等偏小的，用拇指和食指
轻捏能将果壳捏出浅指印，表示已经成熟，如果
外壳硬得像石头一样，大多不能吃。

营养成分

以 100ml 可食蔬果汁计算

膳食纤维	蛋白质	脂肪	碳水化合物
1.6 克	1 克	0.5 克	23 克
维生素 B$_1$	维生素 B$_2$	维生素 E	维生素 C
0.1 毫克	0.1 毫克	0.6 毫克	10.6 毫克

山竹档案

产地	性味	归经	保健作用
泰国	性微寒 味甘、酸	心、胃经	止痛止泻 健脾生津

成熟周期：

结果 结果 结果

当年 ◀

1月 2月 3月 4月 5月 6月 7月 8月 9月 10月 11月 12月

1月 2月 3月 4月 5月 6月 7月 8月 9月 10月 11月 12月

次年 ◀

哈密瓜芒果牛奶

● 改善视力 + 减肥健身

蔬果汁热量 **154kcal/100ml**

操作方便度 ★★★★☆
推荐指数 ★★★★☆

营养成分

以 100ml 可食蔬果汁计算

膳食纤维	蛋白质	脂肪	碳水化合物
1.7 克	4.6 克	3.3 克	26.5 克
维生素 B_1	维生素 B_2	维生素 E	维生素 C
0.1 毫克	0.2 毫克	1.8 毫克	94 毫克

芒果档案

产地	性味	归经	保健作用
海南福建	性寒凉味甘酸	肺、脾、胃经	益胃止呕利尿解渴

成熟周期：

当年 ◀
结果 5月   结果 8月 结果 9月
1月 2月 3月 4月 5月 6月 7月 8月 9月 10月 11月 12月

1月 2月 3月 4月 5月 6月 7月 8月 9月 10月 11月 12月
次年 ◀

食材准备

芒果…………100 克   牛奶…………200 克
哈密瓜………85 克

料理方法

① 将芒果去掉外皮，将果肉切成可放入果汁机大小的块，备用。
② 将哈密瓜去掉皮和籽，切碎，备用。
③ 将芒果、哈密瓜、牛奶都放入果汁机内搅打成汁即可。

饮用功效

这款饮品富含维生素 A，可以舒缓眼部疲劳、改善视力。

芒果储存的小窍门

芒果属于热带水果，怕冷藏，适合放在避光、阴凉的地方贮藏，如果一定要放入冰箱，应置于温度较高的蔬果槽中，保存的时间不宜超过两天。

草莓葡萄汁

● 增强体力＋促进代谢

食材准备

草莓…………120 克　　酸奶…………200 克
葡萄……………40 克　　蜂蜜…………10 克

料理方法

① 将草莓去蒂洗干净，切成可放入果汁机大小的块，备用。
② 将葡萄洗干净，备用。
③ 将所有材料放入榨汁机内搅打成汁即可。

饮用功效

　　草莓、葡萄含丰富的维生素 C，葡萄的皮与籽更具有清除自由基的功效，经常饮用此汁可以增强体力、促进新陈代谢、消除疲劳。

蜂蜜的挑选小窍门二

　　用牙签搅起一些蜂蜜向外拉，好的蜂蜜往往可以拉出又细又透亮的"黄金丝"，有的甚至可以长达 1 尺而不断，品质差者则不能。

营养成分

以 100ml 可食蔬果汁计算

膳食纤维	蛋白质	脂肪	碳水化合物
1.7 克	3.5 克	3.3 克	14.6 克
维生素 B_1	维生素 B_2	维生素 E	维生素 C
0.1 毫克	0.4 毫克	0.6 毫克	20.9 毫克

蜂蜜档案

产地	性味	归经	保健作用
各地均有	性平味甘	肺、脾、胃经	润肠通便润肤生肌

成熟周期：

当年 ◀

1月	2月	3月	4月	5月	6月	7月 结果	8月 结果	9月 结果	10月 结果	11月	12月

1月	2月	3月	4月	5月	6月	7月	8月	9月	10月	11月	12月

次年 ◀

胡萝卜橘香奶昔

● 补充营养＋安神镇静

蔬果汁热量 **125.2kcal/100ml**

操作方便度 ★★★☆☆
推荐指数 ★★★★☆

食材准备

胡萝卜………100 克　　柠檬………30 克
橘子…………80 克　　冰糖………15 克
鲜奶…………250 克

料理方法

① 将胡萝卜洗干净，去掉外皮，切成小块。
② 将橘子去掉外皮、去内膜，切成小块。
③ 柠檬切成小片。
④ 将所有材料倒入果汁机内一起搅打 2 分钟即可。

饮用功效

　　胡萝卜含有丰富的活力元素"维生素 A"，有补肝明目、治疗夜盲症作用，牛奶有安神作用。

营养成分

以 100ml 可食蔬果汁计算

膳食纤维	蛋白质	脂肪	碳水化合物
0.9 克	2.3 克	1.6 克	23.3 克

芒果橘子奶

● 消除疲劳＋止渴利尿

蔬果汁热量 **161kcal/100ml**

操作方便度 ★★★★★
推荐指数 ★★★☆☆

食材准备

芒果………………150 克　　橘子………100 克
鲜奶………250 毫升

料理方法

① 将芒果洗干净，去外皮，切成块备用。
② 将橘子去掉外皮、去籽、去内膜。
③ 将所有材料一起倒入果汁机内搅打 2 分钟即可。

饮用功效

　　芒果中的维生素 A 及橘子中维生素 C 的含量在水果中都是名列前茅的，经常饮用此饮品能对人体产生止渴利尿、消除疲劳的效用。

营养成分

以 100ml 可食蔬果汁计算

膳食纤维	蛋白质	脂肪	碳水化合物
1.6 克	1.4 克	0.6 克	26.7 克

橘子优酪乳

● 增强体质 + 防癌抗癌

蔬果汁热量 **173kcal/100ml**

操作方便度　★★★★☆
推荐指数　★★★☆☆

食材准备

橘子……………180 克　　　冰糖…………15 克
酸奶…………250 毫升

料理方法

① 将橘子洗净，去皮、去籽、去内膜，备用。
② 将橘子放入榨汁机内榨出汁。
③ 最后加入酸奶和冰糖，搅拌均匀即可。

饮用功效

　　此饮品具有润肤清体、润肠通便的作用，经常饮用可以为人体补充所需营养。另外，此饮品还具有防癌抗癌的功效。

营养成分			以 100ml 可食蔬果汁计算
膳食纤维	蛋白质	脂肪	碳水化合物
0.9 克	3 克	3 克	33.7 克

葡萄哈密瓜牛奶

● 补充体力 + 促进代谢

蔬果汁热量 **98.1kcal/100ml**

操作方便度　★★★★☆
推荐指数　★★★★☆

食材准备

葡萄…………50 克　　　牛奶………200 毫升
哈密瓜………80 克

料理方法

① 将葡萄洗干净，去掉外皮、去籽，备用。
② 将哈密瓜洗干净，去掉外皮，切成小块。
③ 将材料放入果汁机内搅打成汁即可。

饮用功效

　　此饮品中含有丰富的碳水化合物，可以迅速补充体力、促进新陈代谢，对消除疲劳很有效。

营养成分			以 100ml 可食蔬果汁计算
膳食纤维	蛋白质	脂肪	碳水化合物
1 克	3.5 克	3.2 克	8.8 克

西瓜番茄汁

● 利尿消肿 + 醒酒解毒

蔬果汁热量 94.9kcal/100ml

操作方便度 ★★★★☆
推荐指数 ★★★★☆

营养成分			以 100ml 可食蔬果汁计算
膳食纤维	蛋白质	脂肪	碳水化合物
0.9 克	1.9 克	0.3 克	22.7 克
维生素 B$_1$	维生素 B$_2$	维生素 E	维生素 C
0.1 毫克	0.1 毫克	0.8 毫克	28 毫克

番茄档案

产地	性味	归经	保健作用
山东河北	性微寒味甘、酸	肝、胃、肺经	生津止渴清热解毒

成熟周期:

当年 ◀

| 1月 | 2月 | 3月 | 4月 | 5月 | 6月 结果 | 7月 结果 | 8月 | 9月 | 10月 | 11月 | 12月 |

| 1月 | 2月 | 3月 | 4月 | 5月 | 6月 | 7月 | 8月 | 9月 | 10月 | 11月 | 12月 |

次年 ◀

食材准备

西瓜…………200 克　　柠檬…………30 克
橘子…………100 克　　冷开水……200 毫升
番茄…………80 克

🍳 料理方法

① 西瓜洗干净,削皮,去籽。
② 橘子剥皮,去籽。
③ 番茄洗干净,切成大小适当的块;柠檬切片。
④ 将所有材料倒入果汁机内搅打 1 分钟即可。

🥤 饮用功效

　　西瓜含有丰富的苹果酸、维生素 A、胡萝卜素,具有清热解毒、利尿消肿、解酒的作用。夏天食欲不振时,清爽的西瓜汁可以补充维生素、矿物质。

👨‍🍳 西瓜的挑选小窍门二

　　无论哪种瓜,瓜蒂和瓜脐部位向里凹入,藤柄向下贴近瓜皮,近蒂部粗壮青绿,是成熟的标志。另外,西瓜皮表面的黄颜色越鲜艳,说明西瓜越甜。

哈密瓜芒果汁

● 恢复体力 + 通利小便

蔬果汁热量 137.2kcal/100ml

操作方便度 ★★★★☆
推荐指数 ★★★☆☆

食材准备

| 芒果 | 150 克 | 哈密瓜 | 100 克 |
| 鲜奶 | 240 克 | 冰糖 | 10 克 |

料理方法

① 将芒果洗干净，削去外皮，去核，备用。
② 哈密瓜削掉外皮，去籽，切大丁。
③ 将所有材料放入果汁机内搅打 2 分钟即可。

饮用功效

芒果、哈密瓜的维生素含量在水果中名列前茅，除了能缓解眼部疲劳，本蔬果汁还能有效地恢复身体体力。

冰糖的挑选小窍门

质量好的冰糖，晶粒均匀，色泽清澈洁白，半透明，有结晶体光泽，味甜，无明显杂质、无异味。

营养成分

以 100ml 可食蔬果汁计算

膳食纤维	蛋白质	脂肪	碳水化合物
0.9 克	1.9 克	0.3 克	22.7 克
维生素 B$_1$	维生素 B$_2$	维生素 E	维生素 C
0.1 毫克	0.4 毫克	2.3 毫克	88 毫克

冰糖档案

产地	性味	归经	保健作用
各地均有	性平味甘	脾、肺经	滋阴生津润肺止咳

成熟周期：全年均有

当年 ◂

| 1月 | 2月 | 3月 | 4月 | 5月 | 6月 | 7月 | 8月 | 9月 | 10月 | 11月 | 12月 |

| 1月 | 2月 | 3月 | 4月 | 5月 | 6月 | 7月 | 8月 | 9月 | 10月 | 11月 | 12月 |

次年 ◂

彩椒柠檬汁

● 预防贫血 + 补体塑身

操作方便度　★★★★★
推荐指数　　★★★★☆

营养成分

以 100ml 可食蔬果汁计算

膳食纤维	蛋白质	脂肪	碳水化合物
2 克	1.5 克	0.8 克	16.4 克
维生素 B_1	维生素 B_2	维生素 E	维生素 C
0.1 毫克	0.1 毫克	1.2 毫克	92 毫克

彩椒档案

产地	性味	归经	保健作用
河北 河南	性热 味辛	心、脾经	开胃消食

成熟周期:

当年 ◀

| 1月 | 2月 | 3月 | 4月 | 5月 | 6月 | 7月 | 8月 | 9月 | 10月 结果 | 11月 结果 | 12月 |

次年 ◀

食材准备

彩椒………150 克　　　冰糖………25 克
柠檬………30 克　　　冷开水……30 毫升

料理方法

① 将柠檬洗干净,对半切开,用榨汁机榨汁备用。
② 将彩椒洗干净,去蒂,对半切开,去籽,切小块,榨成汁备用。
③ 最后将榨好的柠檬汁、彩椒汁与冰糖及 30 毫升冷开水调匀即可。

饮用功效

　　彩椒中含有丰富的维生素 C,不仅可改善黑斑,还能促进血液循环。另外彩椒还含有 β–胡萝卜素,与维生素 C 结合能对抗白内障,保护视力。经常饮用此品还可预防贫血,帮助恢复体力。

彩椒的挑选小窍门

　　首先要挑选果体饱满的,约与拳头大小相似,这样的果品肉质才厚,否则会很薄;其次就要看果实的颜色,鲜艳者为上;最后要看果实的蒂部,连结紧实者最好。

蜜枣黄豆牛奶

● 补血养血 + 润泽肌肤

食材准备

干蜜枣………15 克　　　冰糖………20 克
鲜奶………240 毫升　　　蚕豆………50 克
黄豆粉………25 克

料理方法

① 将干蜜枣用温开水泡软。

② 蚕豆用开水煮过剥掉外皮，切成小丁。

③ 将所有材料倒入果汁机内搅打 2 分钟即可。

饮用功效

　　蜜枣含有人体不可或缺的铁、B 族维生素。同时，蜜枣也有促进铁质吸收的功效。黄豆粉则富含蛋白质，以及属于 B 族维生素的叶酸，配合铁质可预防贫血。

大枣的挑选小窍门

　　可以选购那些又大又圆的果实，因为它的肉很丰厚，吃起来口感不错，最好枣子上面没有裂缝，这样它里面的营养也不至于流失。

营养成分

以 100ml 可食蔬果汁计算

膳食纤维	蛋白质	脂肪	碳水化合物
1.5 克	15.4 克	4.3 克	39.3 克
维生素 B_1	维生素 B_2	维生素 E	维生素 C
0.1 毫克	0.2 毫克	2.6 毫克	12.4 毫克

大枣档案

产地	性味	归经	保健作用
山东 新疆	性温 味甘	脾、胃经	补益中气 安神养血

成熟周期：

当年
结果 结果
1月 2月 3月 4月 5月 6月 7月 8月 9月 **10月** **11月** 12月

1月 2月 3月 4月 5月 6月 7月 8月 9月 10月 11月 12月
次年

补体 养颜保健蔬果汁

胡萝卜苹果橘汁

● 增强体力 + 预防感冒

蔬果汁热量 102.7kcal/100ml

操作方便度 ★★★★☆
推荐指数 ★★★★☆

营养成分

以 100ml 可食蔬果汁计算

膳食纤维	蛋白质	脂肪	碳水化合物
1.3 克	0.6 克	0.5 克	28.2 克
维生素 B$_1$	维生素 B$_2$	维生素 E	维生素 C
0.1 毫克	0.1 毫克	2.4 毫克	14 毫克

养颜小贴士

橘子皮有杀菌、祛风寒、助眠、去异味等功效，用来洗头泡澡，可清除皮肤污垢、滋润肌肤、消除疲劳。但不宜用新鲜的橘皮，洗浴前把风干的橘皮放入一个棉布袋中，再放入浴盆中浸泡 10 分钟即可。

食材准备

橘子……………80 克	苹果……… 100 克
胡萝卜………80 克	冰糖………10 克

🍴 料理方法

① 将胡萝卜洗干净，去掉外皮，切成小块。
② 将苹果洗干净，去掉外皮，切成小块，将橘子去皮剥开。
③ 将全部材料放入榨汁机内榨成汁，加入冰糖搅拌均匀即可。

饮用功效

常喝此蔬果汁可以增强抵抗力，预防感冒。

🧑‍🍳 橘子储存的小窍门

在箱子的底部，垫上两张大报纸，再用裁好的报纸，逐一包好每一个橘子，然后将包好的橘子依次排列在箱内放好。一层橘子隔一张报纸，最多叠五六层，这样可以保存橘子的水分。

莲藕苹果柠檬汁

蔬果汁热量 **90.3kcal/100ml**

操作方便度 ★★★★☆
推荐指数 ★★★☆☆

● 清热解毒 + 清肺润喉

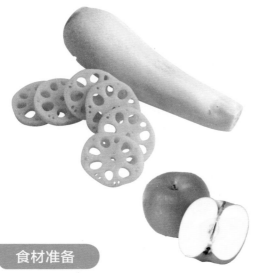

食材准备

莲藕………150 克　　柠檬… …… …30 克
苹果… …… …80 克

料理方法

① 将莲藕洗干净，切成小块。
② 将苹果洗干净，去掉外皮，切成小块。
③ 将柠檬切成小片。
④ 将准备好的材料放入榨汁机内榨成汁即可。

饮用功效

　　当遇到感冒引起的发烧、喉咙痛时，饮用这款蔬果汁可以改善症状，平时喝这种果汁可以起到强身健体、增强机体免疫力的作用。

莲藕的挑选小窍门

　　要选择表面发黄、断口的地方闻着清香的，而使用工业用酸处理过的莲藕虽然看起来很白，但闻着有酸味。

营养成分

以 100ml 可食蔬果汁计算

膳食纤维	蛋白质	脂肪	碳水化合物
2.3 克	3 克	0.5 克	36.2 克
维生素 B_1	维生素 B_2	维生素 E	维生素 C
0.1 毫克	0.1 毫克	2.6 毫克	45.5 毫克

莲藕档案

产地	性味	归经	保健作用
山东 湖南	性寒 味甘	心、脾、 胃经	清热凉血 生津化淤

成熟周期：

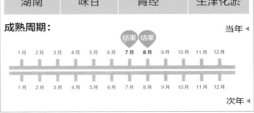

金橘苹果蜜汁

● 增强体力 + 预防感冒

蔬果汁热量 110kcal/100ml

操作方便度　★★★☆☆
推荐指数　　★★★★☆

营养成分

以 100ml 可食蔬果汁计算

膳食纤维	蛋白质	脂肪	碳水化合物
1.5 克	0.8 克	0.9 克	22.3 克
维生素 B$_1$	维生素 B$_2$	维生素 E	维生素 C
0.2 毫克	0.1 毫克	2.6 毫克	34 毫克

金橘档案

产地	性味	归经	保健作用
贵州 四川	性温，味 甘、辛	肺、胃经	开胃生津 消食化痰

成熟周期：

当年 ◀

结果 结果

1月 2月 3月 4月 5月 6月 7月 8月 9月 10月 **11月 12月**

1月 2月 3月 4月 5月 6月 7月 8月 9月 10月 11月 12月

次年 ◀

食材准备

金橘…………50 克　　　白萝卜………80 克
苹果…………100 克　　　蜂蜜………10 毫升

料理方法

① 将金橘洗干净，苹果洗干净，去掉外皮。
② 将白萝卜洗干净，去掉外皮，切成小块。
③ 将材料倒入榨汁机内榨成汁，加入蜂蜜搅拌均匀即可。

饮用功效

金橘外皮富含维生素 C，如果加上白萝卜与苹果榨成蔬果汁，可以储备体力、预防感冒。

金橘的挑选小窍门

挑选金橘首先要观看果皮，看看有没有一些腐烂的斑点，如果有，那么可能是实蝇排卵留下的痕迹。然后要多揉捏一些果实，如果捏上去很软的，则里面很可能有蛆虫。

香柚萝卜蜜汁

● 增强免疫 + 美容养颜

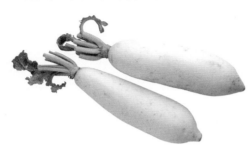

蔬果汁热量 **100kcal/100ml**

操作方便度 ★★★☆☆
推荐指数 ★★★★☆

食材准备

柚子……………150 克	蜂蜜…………20 毫升
白萝卜…………100 克	

料理方法

① 将柚子剥去外皮,把外皮的绿色部分切成细丝。

② 将白萝卜洗干净,削掉外皮,磨成细泥,用纱布沥汁,取汁。

③ 最后,将所有材料倒入果汁机内搅打 2 分钟即可。

饮用功效

　　此饮品能降低血脂、美容养颜、增强免疫力,清热解酒、健脾开胃,富含的维生素 C 还可以提高身体的抵抗力,其中的白萝卜还有止咳的作用。

柚子的挑选小窍门一

　　上尖下宽是柚子的标准型,其中选扁圆形、颈短的柚子为好;还可以用手挤压,不易按下的,说明瓤紧实,肉是又甜又嫩。

营养成分

以 100ml 可食蔬果汁计算

膳食纤维	蛋白质	脂肪	碳水化合物
1.6 克	1.2 克	0.9 克	23.1 克
维生素 B$_1$	维生素 B$_2$	维生素 E	维生素 C
0.1 毫克	0.2 毫克	0.9 毫克	12.5 毫克

柚子档案

产地	性味	归经	保健作用
广西 江西	性寒,味甘、酸	胃经	止咳化痰 生津止渴

成熟周期:

当年 ◄

结果 结果

| 1月 | 2月 | 3月 | 4月 | 5月 | 6月 | 7月 | 8月 | 9月 | 10月 | 11月 | 12月 |

| 1月 | 2月 | 3月 | 4月 | 5月 | 6月 | 7月 | 8月 | 9月 | 10月 | 11月 | 12月 |

次年 ◄

葡萄柠檬汁

● 强健体力 + 预防感冒

蔬果汁热量　83.5kcal/100ml

操作方便度　★★★★☆
推荐指数　★★★★☆

食材准备

葡萄………100 克　　　冰糖………10 克
胡萝卜………150 克　　冷开水………适量
柠檬………30 克

🍳 料理方法

① 葡萄洗净；胡萝卜洗净，去皮，切成小块备用；柠檬切成片。

② 将葡萄、胡萝卜、柠檬、冷开水倒入榨汁机内榨成汁，再加冰糖即可。

🥤 饮用功效

葡萄、胡萝卜富含维生素 A 和维生素 C，可以增强体力，还能有效预防感冒。

营养成分

以 100ml 可食蔬果汁计算

膳食纤维	蛋白质	脂肪	碳水化合物
4.1 克	2.4 克	1.1 克	16.1 克

胡萝卜梨汁

● 强身健体 + 清热润肺

蔬果汁热量　92.4kcal/100ml

操作方便度　★★★★☆
推荐指数　★★★★☆

食材准备

胡萝卜………100 克　　　柠檬………50 克
梨………125 克

🍳 料理方法

① 将胡萝卜洗干净，去掉外皮，切成小块。

② 将梨洗干净，去皮、去核，切成小块；柠檬切成小片。

③ 将准备好的材料倒入榨汁机内榨出汁即可。

🥤 饮用功效

梨可清热、降火、润肺，加胡萝卜榨汁更可改善肝炎症状、增强身体抵抗力。

营养成分

以 100ml 可食蔬果汁计算

膳食纤维	蛋白质	脂肪	碳水化合物
3.8 克	2.2 克	1.3 克	19.8 克

香蕉哈密瓜奶

● **缓解压力 + 降低血压**

蔬果汁热量 **187kcal/100ml**

操作方便度 ★★★★☆
推荐指数 ★★★☆☆

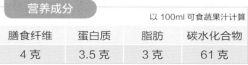

食材准备

香蕉…………125 克　　脱脂鲜奶………200 毫升
哈密瓜………150 克

料理方法
① 将香蕉去掉外皮，切成大小适当的块。
② 将哈密瓜洗干净，去掉外皮、去掉瓤，切成小块，备用。
③ 最后将所有材料放入榨汁机内搅打 2 分钟即可。

饮用功效
　　香蕉钾多、钠少，可以降血压；而牛奶中的钙，也有助于抑制因盐分摄入过量造成血压上升。本品对于上班族来说可以起到缓解压力的作用。

营养成分			以 100ml 可食蔬果汁计算
膳食纤维	蛋白质	脂肪	碳水化合物
1.5 克	5.2 克	3.3 克	36.5 克

香柚汁

● **消除疲劳 + 预防癌症**

蔬果汁热量 **170kcal/100ml**

操作方便度 ★★★★★
推荐指数 ★★★☆☆

食材准备

沙田柚…………350 克

料理方法
① 将沙田柚的厚皮去掉，切成可放入榨汁机大小适当的块。
② 将柚子果肉放入榨汁机内榨成汁即可。

饮用功效
　　本饮品可以预防感冒、塑造美肤、消除疲劳，还可以预防癌症和动脉硬化。

营养成分			以 100ml 可食蔬果汁计算
膳食纤维	蛋白质	脂肪	碳水化合物
4 克	3.5 克	3 克	61 克

姜梨蜜饮

● 生津止渴 + 清热润肺

蔬果汁热量 110kcal/100ml

操作方便度 ★★★★☆
推荐指数 ★★★★☆

营养成分

以 100ml 可食蔬果汁计算

膳食纤维	蛋白质	脂肪	碳水化合物
3.2 克	1.5 克	8.9 克	15.4 克
维生素 B$_1$	维生素 B$_2$	维生素 E	维生素 C
0.1 毫克	0.2 毫克	3.5 毫克	6.5 毫克

生姜档案

产地	性味	归经	保健作用
四川 河南	性微温 味辛	肺、脾、 胃经	发汗解表 温肺止咳

成熟周期:

当年

结果 结果 结果

1月 2月 3月 4月 5月 6月 7月 8月 9月 10月 11月 12月

1月 2月 3月 4月 5月 6月 7月 8月 9月 10月 11月 12月

次年 ◀

食材准备

梨……………100 克
蜂蜜…………20 克

姜………………15 克
冷开水……240 毫升

🍳 料理方法

① 将梨洗净,削皮,去核,切小块。
② 姜洗净,削皮,切成块。
③ 将除蜂蜜外的材料倒入果汁机内搅打 2 分钟。
④ 在电磁炉上加热后放入蜂蜜即可。

🥤 饮用功效

梨具有生津止渴、清热润肺、止咳化痰的功效,添加姜汁和蜂蜜更有助于止咳化痰,此蔬果汁适合喉咙痛时饮用。

👩‍⚕️ 生姜的挑选小窍门

霉变的生姜有毒性物质,有致癌作用,会导致肝细胞病变,不能食用,所以在挑选生姜的时候,要以不发霉为标准。

卷心番茄甘蔗汁

● 保肝护肝 + 清热解毒

蔬果汁热量 **146kcal/100ml**

操作方便度 ★★★★☆
推荐指数 ★★★★☆

食材准备

番茄…………150 克　　甘蔗汁……250 毫升
卷心菜………100 克

料理方法

① 将番茄洗干净，切成小块，备用。
② 卷心菜洗干净，撕成小块，备用。
③ 将所有材料倒入榨汁机内搅打 2 分钟即可。

饮用功效

　　卷心菜含有丰富的维生素、膳食纤维、钙质，所榨出的汁加入番茄后可改善口感，并补充维生素、矿物质，还有助于改善肝功能。而甘蔗汁则具有保肝、清热解毒、驱寒等功效。

甘蔗的挑选小窍门

　　好的甘蔗茎杆粗硬光滑，端正而挺直，富有光泽，表面呈紫色，挂有白霜，表面无虫蛀孔洞。且粗细要均匀，千万不能选过细的，过粗的一般也不建议。

营养成分

以 100ml 可食蔬果汁计算

膳食纤维	蛋白质	脂肪	碳水化合物
3.4 克	4.9 克	16.2 克	14.8 克
维生素 B$_1$	维生素 B$_2$	维生素 E	维生素 C
0.1 毫克	0.1 毫克	2.2 毫克	120 毫克

甘蔗档案

产地	性味	归经	保健作用
广西 云南	性寒 味甘	肺、胃经	滋阴润燥 生津止渴

成熟周期：

当年 ◀
结果（5月） 结果（11月）
1月 2月 3月 4月 5月 6月 7月 8月 9月 10月 11月 12月
1月 2月 3月 4月 5月 6月 7月 8月 9月 10月 11月 12月
次年 ◀

胡萝卜苹果汁

● 消脂防癌 + 清洁血液

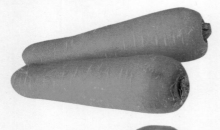

操作方便度：★ ★ ★ ☆ ☆

推荐指数：★ ★ ★ ☆ ☆

营养成分

以 100ml 可食蔬果汁计算

膳食纤维	蛋白质	脂肪	碳水化合物
4.1 克	2.4 克	1.1 克	16.1 克
维生素 B$_1$	维生素 B$_2$	维生素 E	维生素 C
0.2 毫克	0.1 毫克	1.3 毫克	0.1 毫克

胡萝卜档案

产地	性味	归经	保健作用
山东 山西	性平 味甘	肺、脾经	补肝明目 清热解毒

成熟周期：

结果 结果 结果

当年 ◀

| 1月 | 2月 | 3月 | 4月 | 5月 | 6月 | 7月 | 8月 | 9月 | 10月 | 11月 | 12月 |

| 1月 | 2月 | 3月 | 4月 | 5月 | 6月 | 7月 | 8月 | 9月 | 10月 | 11月 | 12月 |

次年 ◀

食材准备

胡萝卜……150 克　　柠檬……30 克

苹果……200 克　　冰糖……20 克

🍳 料理方法

① 将胡萝卜洗干净，去掉外皮，切成小块。

② 将苹果洗干净，去掉外皮、去掉核，切成小块，柠檬切成小片。

③ 再将准备好的材料倒入果汁机内搅打 2 分钟即可。

饮用功效

　　胡萝卜含有丰富的胡萝卜素，是强力抗氧化剂，可防止细胞遭受破坏，可抗癌。胡萝卜、苹果都含有丰富的膳食纤维，除了有助于降低血液中的胆固醇含量，抑制脂肪的吸收之外，还可避免过度肥胖所引发的高血脂。

👩‍🍳 胡萝卜的挑选小窍门

　　胡萝卜中胡萝卜素的含量因部位不同而有所差别。和茎叶相连的顶部比根部多，外层的皮质含量比中央髓质部位要多。所以，购买胡萝卜，应该首选肉厚、芯小、稍短的那一种。

草莓双笋汁

● 利尿降压 + 保护血管

食材准备

芦笋………………60 克　　草莓…………150 克
莴笋…………120 克　　柠檬……………30 克

料理方法

① 将草莓洗干净，去蒂；将芦笋洗干净，切成小段。
② 把莴笋洗干净，切成小块。
③ 将柠檬洗净切片备用。
④ 将准备好的上述材料放入榨汁机，搅打 2 分钟即可。

饮用功效

　　此饮品中的芦笋含有黄酮化合物、天门冬及丰富的维生素 A、维生素 C、维生素 E 及 B 族维生素，能降血脂、利尿、降血压、保护血管，还有预防动脉硬化的功能。

莴笋的挑选小窍门

　　笋形要粗短条顺、不弯曲、大小整齐；还要保证皮薄、质脆、水分充足、表面无锈色。叶子不能黄，基部不带毛根，上部叶片不超过五六片。

营养成分

以 100ml 可食蔬果汁计算

膳食纤维	蛋白质	脂肪	碳水化合物
4.4 克	3.5 克	0.5 克	13 克
维生素 B_1	维生素 B_2	维生素 E	维生素 C
0.1 毫克	0.1 毫克	0.9 毫克	85.5 毫克

莴笋档案

产地	性味	归经	保健作用
山东 江苏	性凉 味甘	肠、胃经	清热利尿 舒筋通络

成熟周期：

当年 ◄

| 结果 | 结果 | 结果 | 结果 |
| 1月 | 2月 | 3月 | 4月 | 5月 | 6月 | 7月 | 8月 | 9月 | 10月 | 11月 | 12月 |

| 1月 | 2月 | 3月 | 4月 | 5月 | 6月 | 7月 | 8月 | 9月 | 10月 | 11月 | 12月 |

次年 ◄

西芹苹果蜜

● 强化血管 + 降低血脂

蔬果汁热量 **79.9kcal/100ml**

操作方便度 ★★★★☆
推荐指数 ★★★★☆

食材准备

西芹…………30 克   柠檬………20 克
苹果………100 克   蜂蜜………少许
胡萝卜……50 克

料理方法

① 将西芹洗干净，切成小段。
② 苹果洗干净，切成小块；柠檬洗净切片。
③ 胡萝卜洗干净，切成小块。
④ 将上述材料倒入榨汁机内榨出汁，加入蜂蜜拌匀即可。

饮用功效

    西芹苹果蜜富含维生素 C，可强化血管、预防动脉硬化。

营养成分

以 100ml 可食蔬果汁计算

膳食纤维	蛋白质	脂肪	碳水化合物
1.3 克	0.8 克	0.5 克	18.1 克

降压火龙果汁

● 清热凉血 + 通便利尿

蔬果汁热量 **88.6kcal/100ml**

操作方便度 ★★★★☆
推荐指数 ★★★★☆

食材准备

火龙果……200 克   酸奶………200 毫升
柠檬………30 克

料理方法

① 火龙果去皮，切成小块备用。
② 柠檬洗净，连皮切成小块。
③ 将所有材料倒入榨汁机内打成果汁即可。

饮用功效

    火龙果可以清热凉血、降低血压和胆固醇。喝降压火龙果汁可以通便利尿，还可以预防动脉硬化。

营养成分

以 100ml 可食蔬果汁计算

膳食纤维	蛋白质	脂肪	碳水化合物
1.7 克	3.7 克	3.2 克	18.5 克

强肝蔬果优酪乳

● 补体强身 + 减肥瘦身

蔬果汁热量 **131.5kcal/100ml**

操作方便度 ★★★★☆
推荐指数 ★★★★☆

食材准备

生菜……50 克　　苹果…………50 克
芹菜……50 克　　酸奶……250 毫升
番茄……80 克

料理方法

① 将生菜洗净，撕成块；芹菜洗净，切成段。
② 番茄洗净，切成小块；苹果洗净，去皮、核，切成块。
③ 将所有材料倒入榨汁机内搅打成汁即可。

饮用功效

　　此蔬果汁富含多种维生素，可以强化肝功能，每天喝一杯能有益身体健康。

营养成分		以 100ml 可食蔬果汁计算	
膳食纤维	蛋白质	脂肪	碳水化合物
1 克	3.8 克	3.3 克	20.3 克

番茄香芹柠檬汁

● 清热解毒 + 保护肝脏

蔬果汁热量 **63.2kcal/100ml**

操作方便度 ★★★★★
推荐指数 ★★★★★

食材准备

番茄……200 克　　香芹……100 克
柠檬………50 克

料理方法

① 将番茄洗干净，切成小块。
② 香芹洗干净，切成小段；柠檬切成小片。
③ 将所有材料放入榨汁机内榨出汁，搅拌均匀即可。

饮用功效

　　香芹可以改善神经质，和番茄一起打成果汁具有解毒和强化肝功能的作用。

营养成分		以 100ml 可食蔬果汁计算	
膳食纤维	蛋白质	脂肪	碳水化合物
1.5 克	1.1 克	0.6 克	5.1 克

香瓜蔬菜蜜汁

● 排除毒素 + 降低血压

营养成分

以 100ml 可食蔬果汁计算

膳食纤维	蛋白质	脂肪	碳水化合物
2.7 克	3 克	1 克	41.2 克
维生素 B$_1$	维生素 B$_2$	维生素 E	维生素 C
0.1 毫克	0.2 毫克	1.7 毫克	1.8 毫克

香瓜档案

产地	性味	归经	保健作用
河北 河南	性寒 味甘	胃、肺、大肠经	清热解暑 除烦利尿

成熟周期：

当年 ◀

1月	2月	3月	4月	5月	6月	7月	8月	9月	10月	11月	12月
					结果	结果					

次年 ◀

食材准备

香瓜…………150 克　　西芹………100 克
卷心菜……100 克　　蜂蜜………30 克

🍲 料理方法

① 将香瓜洗净，去皮，对半切开，去籽，切块备用。
② 西芹洗净，切段；卷心菜洗净，切片。
③ 将上述材料倒入榨汁机内打匀，淋上蜂蜜拌匀即可。

饮用功效

　　香瓜含有丰富的维生素及水分，能排除体内的毒素，促进新陈代谢，预防高血压。

👩‍⚕️ 香瓜的挑选小窍门

　　要选择形状完整、外表光洁、紧密结实、有重量感、底部坚硬、无变色空心的，且果实不能腐烂、颜色无枯黄斑点。

萝卜蔬果汁

● 预防癌症 + 消除腹胀

蔬果汁热量 **117kcal/100ml**

操作方便度 ★★★★☆
推荐指数 ★★★★☆

食材准备

胡萝卜………150 克	苹果…………50 克
小油菜………75 克	柠檬…………20 克
白萝卜………60 克	

料理方法

① 胡萝卜洗净，切成细长条；小油菜洗净，择去黄叶；苹果去皮，去核，切块。

② 白萝卜洗净，切成细长条；柠檬洗净，切片。

③ 将所有材料放入榨汁机内榨成汁即可。

饮用功效

　　此蔬果汁可预防癌症，帮助消化，消除胃胀。深绿色的蔬菜含有身体所需的多种营养元素。

油菜的挑选小窍门一

　　在挑选油菜时，要挑选新鲜、油亮、无黄叶的嫩油菜，用两指轻掐根茎部，一掐就断的就比较鲜嫩。

营养成分

以 100ml 可食蔬果汁计算

膳食纤维	蛋白质	脂肪	碳水化合物
3.4 克	3.5 克	1.6 克	23.2 克
维生素 B_1	维生素 B_2	维生素 E	维生素 C
0.1 毫克	0.2 毫克	2.9 毫克	55.2 毫克

油菜档案

产地	性味	归经	保健作用
江苏 山东	性凉 味甘	肝、脾、肺经	活血化淤 润肠通便

成熟周期：

南瓜柳橙牛奶

● 排毒消脂 + 增强免疫

操作方便度 ★★★★☆
推荐指数 ★★★★☆

营养成分

以 100ml 可食蔬果汁计算

膳食纤维	蛋白质	脂肪	碳水化合物
1.1 克	4.1 克	3.1 克	13.8 克
维生素 B_1	维生素 B_2	维生素 E	维生素 C
0.1 毫克	0.1 毫克	0.9 毫克	25 毫克

南瓜档案

产地	性味	归经	保健作用
浙江 福建	性温 味甘	脾、胃经	消炎止痛 补益中气

成熟周期:

结果 结果 当年

1月 2月 3月 4月 5月 6月 7月 8月 **9月** **10月** 11月 12月

1月 2月 3月 4月 5月 6月 7月 8月 9月 10月 11月 12月

次年

食材准备

南瓜………100 克　　牛奶………150 克
柳橙………80 克

🍳 料理方法

① 将南瓜洗干净,去掉外皮,入锅中蒸熟。
② 柳橙去掉外皮,切成大小适合的块。
③ 最后将南瓜、柳橙、牛奶倒入榨汁机内搅匀、打碎即可。

饮用功效

南瓜含有丰富的微量元素、果胶,柳橙富含维生素 A 和维生素 C,均可以改善肝功能。常喝此饮品可以有效提高人体免疫力。

👩‍🍳 南瓜的挑选小窍门

挑选南瓜时,可以用手指甲在南瓜上掐一下,好的南瓜就会有水渗出来。用食指沾水少许,与拇指摩擦,如果手上有白色的粉,就说明南瓜是面的。

香柚番茄优酪乳

● 补充钙质 + 纤体瘦身

蔬果汁热量 **127kcal/100ml**

操作方便度 ★★★★☆
推荐指数 ★★★★☆

食材准备

番茄…………200 克　　酸奶…………240 克
胡柚…………80 克　　冰糖…………20 克
柠檬…………30 克

料理方法

① 将番茄洗干净，切成大小适中的块。
② 胡柚去皮，剥掉内膜，切成块，备用。
③ 将所有材料倒入果汁机内，搅打 2 分钟即可。

饮用功效

　　番茄营养丰富，搭配钙质丰富的酸奶，可以抑制因为盐分摄取过量所导致的血压升高。若要预防高血压最好戒烟，因为抽烟者容易导致中枢神经兴奋，心跳加快。

胡柚的挑选小窍门

　　首先要看外表，表皮没有虫蛀、没有腐烂，且颜色鲜艳；然后就要掂重量，重的则水分比较多，吃起来口感更好。

营养成分

以 100ml 可食蔬果汁计算

膳食纤维	蛋白质	脂肪	碳水化合物
1.8 克	5.5 克	3.9 克	23.8 克
维生素 B$_1$	维生素 B$_2$	维生素 E	维生素 C
0.1 毫克	0.1 毫克	1.5 毫克	100 毫克

胡柚档案

产地	性味	归经	保健作用
浙江福建	性寒，味甘、酸	脾、肺经	健胃消食化痰止咳

成熟周期：

当年 ◀

结果 结果

| 1月 | 2月 | 3月 | **4月** | **5月** | 6月 | 7月 | 8月 | 9月 | 10月 | 11月 | 12月 |

| 1月 | 2月 | 3月 | 4月 | 5月 | 6月 | 7月 | 8月 | 9月 | 10月 | 11月 | 12月 |

次年 ◀

番茄芒果汁

● 降低血脂 + 瘦身排毒

蔬果汁热量 **83kcal/100ml**

操作方便度 ★★★★☆
推荐指数 ★★★★☆

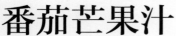

食材准备

番茄…………150 克　　冰糖…………适量
芒果…………75 克

🍳 料理方法

① 将芒果洗干净,去掉外皮,去掉核,切成小块。
② 番茄洗干净,去掉蒂,切成大小适合的块。
③ 将除冰糖外的所有材料倒入榨汁机内搅打成
　 汁,加入冰糖即可。

🥤 饮用功效

　　番茄含有大量的维生素 C、维生素 A 及钙、
磷、铁,有降低胆固醇、预防高血压等作用。经
常饮用本品,能够强壮身体、瘦身排毒。

营养成分			以 100ml 可食蔬果汁计算
膳食纤维	蛋白质	脂肪	碳水化合物
2.3 克	1.8 克	0.7 克	11 克

酪梨葡萄柚汁

● 养颜美容 + 缓解宿醉

蔬果汁热量 **102kcal/100ml**

操作方便度 ★★★☆☆
推荐指数 ★★★★☆

食材准备

酪梨…………50 克　　冷开水…………200 毫升
葡萄柚…………150 克

🍳 料理方法

① 将酪梨洗干净,去掉外皮,切成大小适合的块。
② 葡萄柚去外皮,去内膜,切成小块。
③ 最后将上述材料及冷开水倒入果汁机内搅
　 打均匀即可。

🥤 饮用功效

　　葡萄柚和酪梨都具有降低血压和胆固醇的功
效,经常饮用本品还可以养颜美容、缓解宿醉。

营养成分			以 100ml 可食蔬果汁计算
膳食纤维	蛋白质	脂肪	碳水化合物
1.8 克	1.6 克	8.3 克	5.6 克

番茄苹果优酪乳

● 整肠利尿 + 改善便秘

蔬果汁热量 **148kcal/100ml**

操作方便度 ★★★★☆
推荐指数 ★★★★☆

食材准备

番茄…………80 克　　苹果…………100 克
酸奶…………200 毫升

🍲 料理方法
① 将番茄洗干净，去掉蒂，切成小块。
② 苹果洗干净，去掉外皮，去核，切成小块，备用。
③ 将所有材料放入榨汁机内搅打成汁即可。

饮用功效
　　番茄可以助消化、解油腻、抗氧化，苹果可以整肠利尿、改善便秘，加入酸奶打成果汁，经常饮用可以显著改善便秘。

葡萄蔬果汁

● 降低血压 + 清洁肠道

蔬果汁热量 **105.2kcal/100ml**

操作方便度 ★★★★☆
推荐指数 ★★★★☆

食材准备

葡萄…………150 克　　酸奶…………200 毫升
胡萝卜…………50 克　　冰块…………20 克

🍲 料理方法
① 将胡萝卜洗干净，去掉外皮，切成大小适合的块。
② 葡萄洗干净，备用。
③ 将所有材料放入果汁机内搅打成汁即可。

饮用功效
　　葡萄含有丰富的葡萄糖，此外还含有大量的钾，可以维持体内电解质平衡，因此还有预防高血压的作用。打汁时，一定要连葡萄皮一起榨。

补体 养颜保健蔬果汁

营养成分
以 100ml 可食蔬果汁计算

膳食纤维	蛋白质	脂肪	碳水化合物
1 克	3.8 克	3.3 克	20.3 克

营养成分
以 100ml 可食蔬果汁计算

膳食纤维	蛋白质	脂肪	碳水化合物
3.3 克	4 克	3.7 克	5.2 克

橘香姜蜜汁

● 保护心脏 + 祛脂降压

蔬果汁热量 **139.4kcal/100ml**

操作方便度 ★★★★☆
推荐指数 ★★★☆☆

营养成分

以 100ml 可食蔬果汁计算

膳食纤维	蛋白质	脂肪	碳水化合物
0.1 克	0.1 克	0.2 克	37.5 克
维生素 B$_1$	维生素 B$_2$	维生素 E	维生素 C
0.1 毫克	0.1 毫克	0.1 毫克	2.5 毫克

橘子档案

产地	性味	归经	保健作用
江西 四川	性凉，味甘、酸	肺、胃经	健脾顺气 化痰止咳

成熟周期：

结果 结果 结果 当年 ◀

| 1月 | 2月 | 3月 | 4月 | 5月 | 6月 | 7月 | 8月 | 9月 | 10月 | 11月 | 12月 |

| 1月 | 2月 | 3月 | 4月 | 5月 | 6月 | 7月 | 8月 | 9月 | 10月 | 11月 | 12月 |

次年 ◀

食材准备

橘子………150 克　　　蜂蜜…………15 克
姜…………10 克

料理方法

① 将橘子剥皮，撕成小块，放入榨汁机内榨成汁。
② 把老姜切成片，加水煮沸后，放着等待温度稍降。
③ 在榨好的橘子汁中，加入刚刚煮过姜片的温水，再加入蜂蜜拌匀即可。

饮用功效

　　橘子含有丰富的维生素 C，有降低血脂和胆固醇的作用，所以冠心病、血脂高的人多吃橘子好处多多。

橘子的挑选小窍门

　　首先要看表皮颜色，呈现闪亮色泽的橘色或深黄色的橘子，才是比较新鲜、成熟的橘子。然后拿在手上，轻捏表皮，就会发现橘子皮上会冒出一些油；或是透过果皮，闻到阵阵香气，就是可以选购的优良橘子了。

胡萝卜优酪乳

● 预防便秘 + 清除宿便

操作方便度　★★★★☆
推荐指数　　★★★★☆

补体　养颜保健蔬果汁

食材准备

胡萝卜……150 克	柠檬……30 克
酸奶……120 克	冰糖……10 克

料理方法

① 将胡萝卜洗干净，去掉外皮，切成大小适合的块。
② 柠檬切成小片。
③ 将所有的材料倒入果汁机内搅拌 2 分钟即可。

饮用功效

胡萝卜有润肠通便、预防便秘及补血的功效。酸奶可以增加肠道内的有益菌，促进肠道蠕动。

柠檬的挑选小窍门

柠檬蒂的下方呈绿色时，代表柠檬很新鲜。拿在手上，感觉沉重时，代表果汁含量十分丰富。

营养成分

以 100ml 可食蔬果汁计算

膳食纤维	蛋白质	脂肪	碳水化合物
2.6 克	3.7 克	2.5 克	17.9 克
维生素 B$_1$	维生素 B$_2$	维生素 E	维生素 C
0.1 毫克	0.2 毫克	1.4 毫克	24.7 毫克

柠檬档案

产地	性味	归经	保健作用
四川 云南	性平，味 甘、酸	肝、胃经	生津止渴 健脾开胃

成熟周期：

当年
结果 结果
1月 2月 3月 4月 5月 6月 7月 8月 9月 10月 11月 12月

1月 2月 3月 4月 5月 6月 7月 8月 9月 10月 11月 12月
次年

豆香番茄芹菜汁

● 预防血栓 + 降低血脂

蔬果汁热量 **133kcal/100ml**

操作方便度　★★★★☆
推荐指数　　★★★★☆

食材准备

番茄……… 100 克　　　蜂蜜………20 克
芹菜………30 克　　　柠檬………30 克
嫩豆腐……100 克　　　冷开水…250 毫升

料理方法
① 将番茄洗净，切成大小适当的块。
② 芹菜洗净，切成 3 厘米长的段；豆腐切块；柠檬切成小片。
③ 将所有材料放入榨汁机内搅打 2 分钟即可。

饮用功效
　　番茄能降低血脂、抑制血栓的形成，而芹菜含有丰富的钾，能预防高血压，同时具有抗血栓的作用，能够使血液循环顺畅，防止血块凝结，预防动脉硬化。

营养成分			以 100ml 可食蔬果汁计算
膳食纤维	蛋白质	脂肪	碳水化合物
1.3 克	8.8 克	4.5 克	15.2 克

蔬菜柠檬蜜

● 降火祛热 + 防动脉硬化

蔬果汁热量 **67.2kcal/100ml**

操作方便度　★★★★☆
推荐指数　　★★★★☆

食材准备

芹菜……… 80 克　　　柠檬………50 克
生菜………60 克　　　蜂蜜………10 克

料理方法
① 将芹菜洗干净，切成段。
② 将生菜洗干净，撕成小片。
③ 柠檬切片备用。
④ 将以上准备好的材料放入榨汁机内榨出汁，加入蜂蜜拌匀即可。

饮用功效
　　芹菜可以降火祛热、降血压。这款蔬果汁可预防动脉硬化。

营养成分			以 100ml 可食蔬果汁计算
膳食纤维	蛋白质	脂肪	碳水化合物
1.6 克	1.6 克	1 克	13.3 克

胡萝卜山竹汁

● 补充营养 + 解热降燥

蔬果汁热量 **73kcal/100ml**

操作方便度 ★★★★☆
推荐指数 ★★★★☆

食材准备

胡萝卜………60 克　　柠檬…………50 克
山竹…………100 克　　冷开水……100 毫升

料理方法

① 将胡萝卜洗干净，去掉外皮，切成薄片。
② 山竹洗净，去掉外皮；柠檬切成小片。
③ 将准备好的材料放入榨汁机，再加入冷开水打成汁即可。

饮用功效

　　山竹富含多种矿物质，对体弱、营养不良以及病后康复都有很好的调养作用。

营养成分		以 100ml 可食蔬果汁计算	
膳食纤维	蛋白质	脂肪	碳水化合物
1.9 克	1.2 克	0.9 克	15.2 克

草莓优酪乳

● 舒缓压力 + 预防癌症

蔬果汁热量 **79kcal/100ml**

操作方便度 ★★★★☆
推荐指数 ★★★★☆

食材准备

草莓…………75 克　　冰糖…………10 克
原味酸奶…250 毫升　　柠檬…………30 克

料理方法

① 将草莓洗干净，去蒂，切成大小合适的块。
② 将草莓、酸奶、冰糖、柠檬一起放入果汁机内搅打 2 分钟即可。

饮用功效

　　草莓优酪乳是具有癌症遗传体质、工作忙碌、压力大者的最佳选择。但应注意，草莓里含草酸较高，易患泌尿系统结石者应该少吃。

营养成分		以 100ml 可食蔬果汁计算	
膳食纤维	蛋白质	脂肪	碳水化合物
1.6 克	3.8 克	3 克	9.3 克

抗老防衰：清除岁月痕迹

香柚草莓汁

● 延缓衰老 + 美白肌肤

蔬果汁热量 **158.3kcal/100ml**

操作方便度 ★★★★☆
推荐指数 ★★★★☆

营养成分

以 100ml 可食蔬果汁计算

膳食纤维	蛋白质	脂肪	碳水化合物
2.3 克	4.2 克	5.1 克	23.2 克
维生素 B_1	维生素 B_2	维生素 E	维生素 C
0.1 毫克	0.2 毫克	0.1 毫克	8 毫克

沙田柚档案

产地	性味	归经	保健作用
广西	性寒，味甘、酸	胃经	健胃消食清热化痰

成熟周期：

结果 结果 当年

1月 2月 3月 4月 5月 6月 7月 8月 9月 10月 **11月 12月**

1月 2月 3月 4月 5月 6月 7月 8月 9月 10月 11月 12月

次年

食材准备

沙田柚……100 克   酸奶………200 毫升
草莓………20 克

料理方法

① 将沙田柚去皮，切成小块。
② 草莓洗干净，去蒂，切成大小适当的小块。
③ 将所有材料放入榨汁机内搅打成汁即可。

饮用功效

　　草莓、沙田柚都富含维生素 C，有助于清除体内的自由基，有延缓衰老的功效，对美白皮肤也有效。

沙田柚的挑选小窍门

　　成熟的果面应该是略呈深色的橙黄色。果形以果蒂部呈短颈状的葫芦形或梨形为好。

猕猴桃桑葚奶

● 补充营养 + 润肤抗老

蔬果汁热量 **132kcal/100ml**

操作方便度 ★★★★☆
推荐指数 ★★★★☆

食材准备

桑葚…………100 克　　牛奶…………150 毫升
猕猴桃………50 克

料理方法

① 将桑葚用盐水浸泡、清洗干净。

② 猕猴桃洗干净，去掉外皮，切成大小适合的块。

③ 将桑葚、猕猴桃一起放入果汁机内，加入牛奶，
搅拌均匀即可。

饮用功效

　　猕猴桃含丰富的维生素 C，有延缓衰老的
作用。桑葚营养丰富，一般人均可食用，但是桑
葚性寒，脾胃虚寒者不宜多食。本饮品具有润泽
肌肤、延缓衰老的功效。

猕猴桃的储存小窍门

　　购买猕猴桃后，应将其放在阴凉处。将猕
猴桃放在盒子或塑料袋中，最好不要完全密封，
否则下次打开时会有一股烂酒味。最好不要将猕
猴桃放在通风的地方，这样容易使其中的水分流
失，使硬的变的更硬，软的变的没有水分。

营养成分

以 100ml 可食蔬果计算

膳食纤维	蛋白质	脂肪	碳水化合物
5.4 克	3.6 克	2.2 克	17.7 克
维生素 B$_1$	维生素 B$_2$	维生素 E	维生素 C
0.1 毫克	0.2 毫克	10.6 毫克	326 毫克

猕猴桃档案

产地	性味	归经	保健作用
河南陕西	性寒，味甘、酸	脾、胃经	清热生津利尿止渴

成熟周期

结果（8月） 结果（9月） 结果（10月）　　　当年 ◀

1月 2月 3月 4月 5月 6月 7月 **8月** **9月** **10月** 11月 12月

1月 2月 3月 4月 5月 6月 7月 8月 9月 10月 11月 12月

次年 ◀

香梨优酪乳

● 预防便秘 + 预防斑纹

蔬果汁热量 145.8kcal/100ml

操作方便度：★★★★☆

推荐指数：★★★★☆

营养成分

以 100ml 可食蔬果汁计算

膳食纤维	蛋白质	脂肪	碳水化合物
2.1 克	4 克	0.8 克	19.6 克
维生素 B_1	维生素 B_2	维生素 E	维生素 C
0.1 毫克	0.2 毫克	3.6 毫克	5 毫克

梨档案

产地	性味	归经	保健作用
河北 山东	性凉，味甘酸	肺、胃经	止咳化痰除烦解渴

成熟周期：

当年 ◀

结果 结果 结果

1月 2月 3月 4月 5月 6月 **7月 8月 9月** 10月 11月 12月

1月 2月 3月 4月 5月 6月 7月 8月 9月 10月 11月 12月

次年 ◀

食材准备

梨…………125 克　　　酸奶………200 毫升

柠檬………30 克

料理方法

① 将梨洗干净，去掉外皮，去核，切成大小适合的块。

② 柠檬洗净后切成块状。

③ 将所有材料放入榨汁机内搅打成汁即可。

饮用功效

常饮此饮品，可以预防便秘、动脉硬化、身体老化，还具有预防黑斑、雀斑、老人斑及细纹的效用。

梨的挑选小窍门

选购梨时，应该挑选个大适中、果皮薄细、光泽鲜艳、无虫眼及损伤的果实。

元气蔬果汁

● 美容养颜 + 排毒塑身

蔬果汁热量 **84kcal/100ml**

操作方便度　★ ★ ★ ★ ☆
推荐指数　　★ ★ ★ ★ ☆

食材准备

莴笋…………80 克　　柠檬…………30 克
西芹…………70 克　　冰糖…………10 克
苹果………150 克

料理方法

① 将莴笋去皮，洗干净，切成小段。
② 西芹洗干净，切成小段。柠檬切片。
③ 苹果洗干净，带皮去核，切成小块。
④ 将所有材料放入榨汁机内搅打 2 分钟即可。

饮用功效

　　此蔬果汁富含维生素 A、维生素 C，满满一杯元气蔬果汁，美容又养颜。

西芹的挑选小窍门

　　选购芹菜时，梗不宜太长，20 ~ 30 厘米为宜，菜叶翠绿、不枯黄，菜梗粗壮者为佳。用指甲掐一下芹菜的茎，如果能掐断，有汁液流出就表示是好芹菜。

营养成分

以 100ml 可食蔬果汁计算

膳食纤维	蛋白质	脂肪	碳水化合物
2 克	1.7 克	0.4 克	18.3 克
维生素 B$_1$	维生素 B$_2$	维生素 E	维生素 C
0.1 毫克	0.1 毫克	1.9 毫克	18 毫克

西芹档案

产地	性味	归经	保健作用
山东河北	性凉，味甘、辛	肺、脾、胃经	通利小便清热平肝

成熟周期：

当年

结果 结果 结果　　结果 结果 结果
1月 2月 3月 4月 5月 6月 7月 8月 9月 10月 11月 12月

1月 2月 3月 4月 5月 6月 7月 8月 9月 10月 11月 12月

次年

芝麻香蕉牛奶

● 嫩肤解毒 + 润肠通便

蔬果汁热量 **160.8kcal/100ml**

操作方便度 ★★★★☆
推荐指数 ★★★★☆

食材准备

芝麻酱………20 克　　鲜奶………240 毫升
香蕉………100 克

料理方法

① 将香蕉去掉外皮，切成小段，放入果汁机内。
② 再倒入芝麻酱及鲜奶，一起搅拌 2 分钟即可。

饮用功效

　　芝麻含有抗老化的维生素 E，可以使皮肤、指甲更健康，含维生素 B_2 也很丰富，能够行血、润肤、解毒，促进乳汁分泌。

营养成分

以 100ml 可食蔬果汁计算

膳食纤维	蛋白质	脂肪	碳水化合物
1.2 克	5.6 克	8.2 克	16.2 克

番茄山楂蜜

● 清热防癌 + 消食利尿

蔬果汁热量 **114kcal/100ml**

操作方便度 ★★★★☆
推荐指数 ★★★★☆

食材准备

番茄… … 150 克　　冷开水… …250 毫升
山楂………80 克　　蜂蜜……………10 克

料理方法

① 将番茄洗净，去掉蒂，切成大小适合的块。
② 山楂洗净，切成小块。
③ 将番茄、山楂放入果汁机内，加水和蜂蜜，
　　搅打两分钟即可。

饮用功效

　　番茄富含维生素 C、维生素 E 和磷、钾、镁、胡萝卜素、番茄红素等。其中番茄红素具有抗氧化物质，可以清除自由基，有抗癌的作用，同时还有清热、消食、利尿等功效。

营养成分

以 100ml 可食蔬果汁计算

膳食纤维	蛋白质	脂肪	碳水化合物
3.6 克	1.4 克	0.8 克	25.5 克

芝麻蜂蜜豆浆

● 美化肌肤 + 祛脂减肥

蔬果汁热量 **110kcal/100ml**

操作方便度 ★★★★☆
推荐指数 ★★★★☆

食材准备

芝麻酱………30 克　　蜂蜜……… 10 克
豆浆……… 250 毫升

料理方法

① 将芝麻酱、豆浆搅拌均匀，倒入果汁机内。
② 搅打均匀后加入蜂蜜拌匀即可。

饮用功效

　　此饮品能补肝益肾、强身、润燥滑肠、通乳，抑制胆固醇、脂肪吸收，预防心血管病发生。还能美化肌肤、增强记忆力，使头发乌黑亮丽。

营养成分
以 100ml 可食蔬果汁计算

膳食纤维	蛋白质	脂肪	碳水化合物
2 克	4 克	6.2 克	9.5 克

芝麻葡萄汁

● 排除毒素 + 养颜美容

蔬果汁热量 **95.6kcal/100ml**

操作方便度 ★★★★☆
推荐指数 ★★★★☆

食材准备

葡萄………100 克　　苹果…… … 150 克
黑芝麻…… … 10 克　　酸奶…… … 200 毫升

料理方法

① 将葡萄洗干净，备用。
② 将苹果洗干净，去皮、去核，切成小块。
③ 最后，将所有材料放入果汁机内搅打成汁即可。

饮用功效

　　葡萄皮和籽富含原花青素，可以抗氧化、清除自由基、排除体内毒素，加上芝麻，更能延缓人体衰老。

营养成分
以 100ml 可食蔬果汁计算

膳食纤维	蛋白质	脂肪	碳水化合物
2.2 克	3.9 克	1.6 克	17 克

黑豆养生汁

● 除湿利水 + 活血解毒

操作方便度 ★★★★☆
推荐指数 ★★★★☆

营养成分

以 100ml 可食蔬果汁计算

膳食纤维	蛋白质	脂肪	碳水化合物
0.2 克	0.6 克	0.8 克	10 克
维生素 B$_1$	维生素 B$_2$	维生素 E	维生素 C
0.2 毫克	0.1 毫克	0.6 毫克	—

黑豆档案

产地	性味	归经	保健作用
河南 河北	性平 味甘	肺、脾、 胃经	清热解毒 健脾利湿

成熟周期：

当年 ◀

结果 结果

| 1月 | 2月 | 3月 | 4月 | 5月 | 6月 | 7月 | 8月 | 9月 | 10月 | 11月 | 12月 |

| 1月 | 2月 | 3月 | 4月 | 5月 | 6月 | 7月 | 8月 | 9月 | 10月 | 11月 | 12月 |

次年 ◀

食材准备

黑豆…………75 克   红糖…………10 克
黑芝麻………10 克   冷开水………200 毫升

料理方法

① 黑豆洗净，入锅中煮熟，捞出备用。
② 将黑豆及冷开水放入果汁机搅打成汁。
③ 加入黑芝麻、红糖拌匀即可。

饮用功效

　　黑豆是一种清凉性滋养壮阳药，可祛风除湿、调中下气、活血解毒、利尿、明目。

黑豆的挑选小窍门

　　黑豆要颗粒饱满，不要有干瘪，外观要自然黑，没有虫咬。买的时候可以拿张白纸，用黑豆在白纸上划一划，看掉不掉色，掉色的可能是假的。

红豆优酪乳

● 健胃生津 + 祛湿益气

蔬果汁热量 **155.2kcal/100ml**

操作方便度　★★★★☆
推荐指数　　★★★★☆

食材准备

红小豆……50 克　　蜂蜜…………10 克
香蕉………10 克　　酸奶………200 毫升

料理方法

① 将红小豆洗净，入锅中煮熟备用。
② 香蕉去皮，切成小段。
③ 再将所有材料放入果汁机内搅打成汁即可。

饮用功效

　　红小豆能促进心脏活化，可健胃生津、祛湿益气，还可补血、增强抵抗力、舒缓经痛。

红小豆的挑选小窍门

　　首先看豆子上有没有虫眼，然后要挑选颗粒饱满颜色鲜艳的。颜色不鲜艳或品质干瘪者都不能选用。

营养成分

以 100ml 可食蔬果汁计算

膳食纤维	蛋白质	脂肪	碳水化合物
0.7 克	4.2 克	0.5 克	36 克
维生素 B_1	维生素 B_2	维生素 E	维生素 C
0.1 毫克	0.2 毫克	0.3 毫克	2.5 毫克

红小豆档案

产地	性味	归经	保健作用
河南 河北	性平、味 甘、酸	心、小肠、 肾经	清热解毒 通利小便

成熟周期：

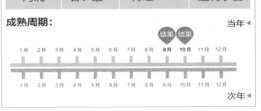

当年 ◀

结果 结果

1月 2月 3月 4月 5月 6月 7月 8月 **9月** **10月** 11月 12月

1月 2月 3月 4月 5月 6月 7月 8月 9月 10月 11月 12月

次年 ◀

胡萝卜梨汁

● 增强免疫 + 清肠润肺

蔬果汁热量 **119kcal/100ml**

操作方便度　★★★★☆
推荐指数　　★★★★☆

营养成分			以 100ml 可食蔬果汁计算
膳食纤维	蛋白质	脂肪	碳水化合物
4.4 克	2.7 克	1.5 克	23.6 克
维生素 B_1	维生素 B_2	维生素 E	维生素 C
0.1 毫克	0.2 毫克	4.7 毫克	42 毫克

减肥小贴士

吃梨减肥法：早起喝一杯淡盐水，然后吃一个梨和一个鸡蛋；午餐可按照自己的习惯吃，只能吃 7 分饱，要避开油炸和油腻食物。晚餐要以素菜和梨为主，可外加一碗蔬菜汤。

食材准备

梨…………150 克　　柠檬…………50 克
胡萝卜……100 克　　冷开水……250 毫升

料理方法

① 将胡萝卜洗干净，去掉外皮，切成小块，备用。
② 梨洗干净，去掉外皮、去核，切成小块，柠檬洗净切片备用。
③ 将准备好的材料倒入榨汁机内搅打 2 分钟即可。

饮用功效

梨具有消炎效果，有助于改善因为肝炎引发的黄疸，同时加入含有胡萝卜素的胡萝卜，可以增强免疫力，预防癌症。

胡萝卜储存的小窍门

胡萝卜存放前不要用水清洗，只需用刀将两头切掉，放入冰箱冷藏即可。这样是为了使两头不吸收胡萝卜本身的水份，不长芽，可延长保存时间。

菠菜胡萝卜汁

● 细致肌肤 + 预防贫血

蔬果汁热量 **57.2kcal/100ml**

操作方便度 ★★★★☆
推荐指数 ★★★★★

补体 养颜保健蔬果汁

食材准备

菠菜………100 克　　西芹………60 克
胡萝卜………50 克　　卷心菜………15 克

料理方法

① 菠菜洗净，去根，切成小段。
② 胡萝卜洗净，去皮，切小块。
③ 卷心菜洗净，撕成小块；西芹洗净，切成小段。
④ 将准备好的材料放入榨汁机榨成汁即可。

饮用功效

此蔬菜汁可预防癌症或动脉硬化，效果好，还可防止肌肤粗糙，预防贫血。

菠菜的挑选小窍门

挑选菠菜以菜梗红短，叶子新鲜有弹性为佳。在烹制菠菜时，最好先将菠菜用开水烫一下，可除去 80% 的草酸，然后再炒、拌或做汤。

营养成分

以 100ml 可食蔬果汁计算

膳食纤维	蛋白质	脂肪	碳水化合物
1.1 克	1 克	0.2 克	5.6 克
维生素 B₁	维生素 B₂	维生素 E	维生素 C
0.1 毫克	0.1 毫克	0.6 毫克	10.5 毫克

减肥小贴士

菠菜养颜又美肤，被推崇为养颜佳品。常吃菠菜，令人身材苗条，光彩照人。但菠菜含草酸较多，可以用开水焯熟后，加入醋、杏仁制作老醋果仁菠菜，非常适合男女用来减肥排毒、养血养颜食用。

食疗保健蔬果汁索引

橘子

「性 味」性凉，味甘、酸。
「归 经」入肺、胃经。
「功 效」健脾顺气、化痰止咳。

橘子优酪乳

「功效」
此饮品具有润肤清体、润肠通便的作用，经常饮用可以为人体补充所需营养。
139页

橘香姜蜜汁

「功效」
本果汁中含有丰富的维生素，有降低血脂和胆固醇的作用。
162页

沙田柚

「性 味」性寒，味甘、酸。
「归 经」胃经。
「功 效」健胃消食、清热化痰。

香柚汁

「功效」
本饮品可以预防感冒、塑造美肤、消除疲劳，还可以预防癌症和动脉硬化。
149页

香柚草莓汁

「功效」
本饮品有助于清除体内自由基，有延缓衰老的功效，对美白皮肤也有作用。
166页

桑葚

「性 味」性微寒，味甘、酸。
「归 经」心、肝、肾经。
「功 效」生津止渴、润肠通便。

胡萝卜桑葚苹果汁

「功效」
本饮品除可以减肥补体外，还可改善视力、增强抵抗力。
134页

猕猴桃桑葚奶

「功效」
本饮品具有润泽肌肤，延缓衰老的功效。
167页

胡萝卜

「性 味」性平，味甘。
「归 经」肺、脾经。
「功 效」补肝名目、清热解毒。

胡萝卜橘香奶昔

「功效」
胡萝卜含有丰富的活力元素"维生素A"，有补肝名目，治疗夜盲症作用，牛奶有安神作用。
138页

胡萝卜梨汁

「功效」
梨可清热、降火、润肺，加胡萝卜榨汁更可改善肝炎症状、增强身体抵抗力。
148页

莴笋

「性味」性凉，味甘。
「归经」肠、胃经。
「功效」清热利尿、舒筋通络。

草莓双笋汁

「功效」
此饮品能降血脂、利尿、降血压、保护血管，还有预防动脉硬化的功能。

153页

元气蔬果汁

「功效」
此蔬果汁富含维生素A、维生素C，满满一杯元气蔬果汁，美容又养颜。

169页

黑芝麻

「性味」性平，味甘。
「归经」肝、肾、大肠经。
「功效」润肠通便、补肝益肾。

芝麻葡萄汁

「功效」
葡萄皮和籽可以抗氧化、清除自由基、排除体内毒素，加上芝麻，更能延缓衰老。

171页

黑豆养生汁

「功效」
黑豆是一种清凉性滋养壮阳品，可祛风除湿、调中下气、活血解毒、利尿、明目。

172页

芒果

「性味」性凉，味甘、酸。
「归经」肺、脾、胃经。
「功效」益胃止呕、利尿解渴。

芒果橘子奶

「功效」
芒果营养价值丰富，经常饮用此饮品有止渴利尿、消除疲劳的效用。

138页

哈密瓜芒果牛奶

「功效」
这道饮品富含维生素A，可以舒缓眼部疲劳、改善视力。

136页

山竹

「性味」性微寒，味甘、酸。
「归经」心、胃经。
「功效」止痛止泻、健脾生津。

番茄胡萝卜汁

「功效」
这款蔬果汁富含维生素A、维生素C，可以改善过敏体质，并可以塑形美容、缓解疲劳。

135页

胡萝卜山竹汁

「功效」
本饮品富含矿物质，对体弱、营养不良以及病后康复都有很好的调养作用。

165页

侧栏

第四章

养颜美白

芳华不老蔬果汁

由美白亮肤、祛斑消纹、预防粉刺、润泽肌肤四大美容热点打造的美颜新攻略，让天然的蔬果汁帮你把多种皮肤问题各个击破，还你水漾透白的美丽容颜，生命从此更加年轻。

美白亮肤：肌肤更雪白洁净

生活智慧王

　　花椰黄瓜汁中的材料莴苣，在储藏时应该远离苹果、梨、香蕉，以免莴苣变色，出现赤褐色斑点。

马蹄双瓜汁

● 清热除烦 + 美白肌嫩

蔬果汁热量 **131.8kcal/100ml**

操作方便度　★★★★☆
推荐指数　　★★★★☆

食材准备

哈密瓜……100 克　　黄瓜……150 克
马蹄………45 克

🔥 料理方法

① 哈密瓜洗净、去皮、去瓤切块；黄瓜洗净，切块；马蹄洗净，去皮。

② 将所有材料榨成汁即可。

📷 饮用功效

　　哈密瓜含铁量高，对人体造血机能有促进作用，是很好的女性滋补水果。现代医学认为：哈密瓜味甘、性寒，有利小便、除烦止渴、解燥消暑的作用，有助于发烧、中暑、口鼻生疮等症的治疗。

Tips：哈密瓜应轻拿轻放，不要碰伤瓜皮，受伤后的瓜很容易变质腐烂。哈密瓜性凉，吃太多会引起腹泻。另外，糖尿病患者应慎食。

营养成分

以 100ml 可食蔬果汁计算

膳食纤维	蛋白质	脂肪	碳水化合物
5.3 克	4.7 克	0.9 克	51.7 克
维生素 B_1	维生素 B_2	维生素 E	维生素 C
0.3 毫克	0.1 毫克	2.4 毫克	128 毫克

科学食用宜忌

宜 多喝本品能改善皮肤暗黄现象。

忌 脚气病、腹胀腹泻、产后、病后者，尽量要少喝或不喝。

花椰黄瓜汁

● 润滑肌肤 + 缓解便秘

蔬果汁热量 **86kcal/100ml**

操作方便度　★★★★☆
推荐指数　　★★★★☆

食材准备

莴苣………125 克　　花椰菜……60 克
黄瓜………100 克

🔥 料理方法

① 将莴苣、花椰菜分别洗净切块；黄瓜洗净后切块。

② 再把所有材料放入榨汁机中榨汁，再加入冰块即可。

📷 饮用功效

　　黄瓜的主要成分为葫芦素，具有抗肿瘤的作用，也有很好的降血糖效果。它含水量高，是美容的佳品，经常食用可起到延缓皮肤衰老的作用，还可防止口角炎、唇炎，亦可润滑肌肤，让你保持身材苗条。

Tips：莴苣储藏时应远离苹果、梨和香蕉，以免出现赤褐斑点。尿频、胃寒的人应少吃莴苣。

营养成分

以 100ml 可食蔬果汁计算

膳食纤维	蛋白质	脂肪	碳水化合物
2.8 克	5.9 克	1.2 克	6.6 克
维生素 B_1	维生素 B_2	维生素 E	维生素 C
54.1 毫克	78.1 毫克	2.9 毫克	47.6 毫克

科学食用宜忌

宜 一般人均可食用，更适合糖尿病患者食用。

忌 脾胃虚寒者少吃为宜。

葡萄苹果牛奶

● 嫩肤美白 + 改善贫血

操作方便度 ★★★★☆
推荐指数 ★★★☆☆

营养成分

以 100ml 可食蔬果汁计算

膳食纤维	蛋白质	脂肪	碳水化合物
1 克	5.6 克	7.5 克	95.2 克
维生素 B_1	维生素 B_2	维生素 E	维生素 C
0.01 毫克	0.03 毫克	121.5 毫克	13 毫克

葡萄干档案

产地	性味	归经	保健作用
新疆	性平，味甘、酸	肝、肾经	补益肝肾通利小便

成熟周期：全年均有

当年 ◀

1月	2月	3月	4月	5月	6月	7月	8月	9月	10月	11月	12月
1月	2月	3月	4月	5月	6月	7月	8月	9月	10月	11月	12月

次年 ◀

食材准备

苹果…………150 克　　葡萄干……30 克
鲜奶………200 毫升

🍴 料理方法

① 将苹果洗净，去皮、去核，切小块，放入榨汁机里。
② 再将葡萄干、鲜奶一起放入榨汁机，搅匀即可。

📷 饮用功效

　　此饮品能嫩肤美白、改善贫血、消除疲劳。若用无核、较干的葡萄干搅拌效果更佳。若不适合喝牛奶可用酸奶或豆浆替代。

👨‍🍳 葡萄干的挑选小窍门

　　好坏葡萄干在区分时，除了通过色泽来分辨之外，还要看葡萄干颗粒的大小、饱满程度，通常好的葡萄干颜色不是特别绿，而是自然绿再泛点黄，色泽也不是特别鲜亮，一般颜色太绿或者色泽太鲜亮的都是经过加工处理的。

仙人掌菠萝汁

● 健胃补脾 + 养颜护肤

食材准备

菠萝…………150 克　　　仙人掌………50 克
冰糖…………15 克

料理方法

① 仙人掌洗净，去皮。
② 菠萝也洗净，去皮，切块。
③ 再将仙人掌、菠萝放入榨汁机内榨汁。
④ 最后在蔬果汁中加入少许冰糖，调匀即可。

饮用功效

　　此饮品能降血糖、血脂、血压，促进新陈代谢。不仅可健胃补脾、清喉润肺、养颜护肤，对肝癌、糖尿病、支气管炎等治疗有益。

仙人掌的制作小窍门

　　仙人掌像芦荟一样，在切割后会分泌较多黏液，影响菜肴的形态和口感，可以在切好后用盐腌 15 分钟，清水漂净再烹饪。还有一种方法是在加了小苏打和盐的沸水中热烫。

营养成分

以 100ml 可食蔬果汁计算

膳食纤维	蛋白质	脂肪	碳水化合物
1.9 克	1.2 克	0.9 克	5.2 克
维生素 B_1	维生素 B_2	维生素 E	维生素 C
0.1 毫克	0.1 毫克	—	27.9 毫克

仙人掌档案

产地	性味	归经	保健作用
云南	性寒，味苦、涩	心、肺、胃经	清热解毒行气活血

成熟周期：全年均有

当年 ◄

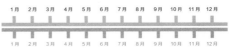

| 1月 | 2月 | 3月 | 4月 | 5月 | 6月 | 7月 | 8月 | 9月 | 10月 | 11月 | 12月 |

次年 ◄

酪梨木瓜柠檬汁

- 淡化细纹＋延缓衰老

蔬果汁热量 **107kcal/100ml**

操作方便度 ★★★★☆
推荐指数 ★★★☆☆

食材准备

酪梨……… 100 克　　柠檬……… 20 克
木瓜……… 120 克　　冰块………少许

料理方法

① 将酪梨、木瓜洗净，切块。
② 柠檬切成片。
③ 将酪梨、木瓜、柠檬放入榨汁机中榨出汁。
④ 向果汁中加入少许冰块即可。

饮用功效

此蔬果汁可以提高皮肤抗氧化能力，预防或淡化皱纹。

营养成分

		以 100ml 可食蔬果汁计算	
膳食纤维	蛋白质	脂肪	碳水化合物
2.7 克	2.3 克	15.3 克	12.4 克

活力蔬果汁

- 美白润肤＋淡化斑点

蔬果汁热量 **98.2kcal/100ml**

操作方便度 ★★★☆☆
推荐指数 ★★☆☆☆

食材准备

小黄瓜……… 200 克　　柳橙……… 80 克
胡萝卜……… 100 克　　蜂蜜……… 10 克
柠檬………… 30 克

料理方法

① 小黄瓜与胡萝卜均洗净，去皮，切成块，再放入榨汁机中搅打。
② 把柠檬洗净，切成片状。
③ 柳橙洗净去皮，与柠檬一起放入榨汁机内榨汁。
④ 将两样果汁都倒入杯中，加入蜂蜜调匀即可。

饮用功效

此蔬果汁能美白润肤，淡化斑点，消除痘痘及粉刺，使皮肤光滑雪白。

营养成分

		以 100ml 可食蔬果汁计算	
膳食纤维	蛋白质	脂肪	碳水化合物
1.6 克	1.8 克	0.5 克	10 克

清香薄荷苹果汁

● 补血益气 + 亮泽肌肤

蔬果汁热量 **160kcal/100ml**

操作方便度 ★★★★☆
推荐指数 ★★★☆☆

食材准备

苹果……100 克　　薄荷……8 克
柠檬………10 克　　西芹……150 克

料理方法

① 将苹果、薄荷、西芹、柠檬洗净。
② 将苹果去皮、去核之后，切成块状。
③ 西芹切成小段。
④ 柠檬切片。
⑤ 最后，再将所有材料放入榨汁机中，打成汁即可。

饮用功效

　　此饮品可补血、补气、健胃整肠。对气虚型的黑眼圈有淡化作用。

营养成分

以 100ml 可食蔬果汁计算

膳食纤维	蛋白质	脂肪	碳水化合物
6.4 克	5.1 克	0.3 克	17.5 克

芦荟柠檬汁

● 促进消化 + 美肌嫩肤

蔬果汁热量 **130kcal/100ml**

操作方便度 ★★★☆☆
推荐指数 ★★★★☆

食材准备

芦荟……120 克　　胡萝卜……70 克
柠檬………50 克　　冰块………少许

料理方法

① 芦荟洗净削皮。
② 柠檬洗净后切片。
③ 胡萝卜洗净，削去表皮，切块。
④ 将所有材料榨成汁倒入杯中，加少许冰块即可。

饮用功效

　　此饮品有抗炎和止痛作用，对脂肪代谢、胃肠功能、排泄系统都有很好的调节作用。

营养成分

以 100ml 可食蔬果汁计算

膳食纤维	蛋白质	脂肪	碳水化合物
8.8 克	5 克	1.9 克	75 克

西芹菠萝蜜

● 滋养肌肤 + 嫩白美肌

蔬果汁热量 **152.6kcal/100ml**

操作方便度　★★★★☆
推荐指数　　★★★☆☆

营养成分

以 100ml 可食蔬果汁计算

膳食纤维	蛋白质	脂肪	碳水化合物
1.2 克	1.2 克	1.2 克	19.2 克
维生素 B$_1$	维生素 B$_2$	维生素 E	维生素 C
0.1 毫克	0.1 毫克	0.6 毫克	46 毫克

菠萝档案

产地	性味	归经	保健作用
广西福建	性平味甘	肺、胃经	清热解暑消食止泻

成熟周期：

	结果	结果					当年 ◀
1月 2月 3月 **4月** **5月** 6月 7月 8月 9月 10月 11月 12月

1月 2月 3月 4月 5月 6月 7月 8月 9月 10月 11月 12月

次年 ◀

食材准备

菠萝………120 克　　胡萝卜……100 克
柠檬…………30 克　　西芹…………30 克
蜂蜜…………20 克

料理方法

① 将菠萝洗净，去皮，切块；柠檬切片；胡萝卜洗净，切块；西芹洗净，切段。
② 把除了蜂蜜以外的所有材料，均放入榨汁机中榨汁。
③ 最后，将果汁倒入杯中，加入蜂蜜搅匀即可。

饮用功效

此饮品可滋养肝脏、美白肌肤，防止皮肤干裂。

食用菠萝的小窍门

有些人食用菠萝会有过敏反应，其实在吃之前把菠萝切成片或块放在淡盐水中浸泡 30 分钟，然后再洗去咸味，就可以达到消除过敏性物质的目的，还会使菠萝味道变得更加甜美。

菠萝柠檬汁

● **滋润皮肤 + 美白养颜**

食材准备

菠萝………160 克	蜂蜜…………20 克
柠檬… …30 克	冷开水……200 毫升

🍳 料理方法

① 将柠檬洗净，切开去皮；菠萝去皮，切块，
　 一起放入调理杯中备用。

② 将蜂蜜和冰块倒入榨汁机中，搅拌成果泥状。

③ 加入 200 毫升冷开水，一起调匀成果汁，倒
　 入杯中即可。

🥤 饮用功效

　 此饮品可以滋润皮肤，美白养颜。

👩‍🍳 菠萝削皮的小窍门

　 切掉菠萝的底端，使其能竖立在砧板上，
然后用尖角水果刀一条一条地挖掉残留在果肉内
的菠萝刺。每次挖的深度要足够，以清除干净。

营养成分

以 100ml 可食蔬果汁计算

膳食纤维	蛋白质	脂肪	碳水化合物
1.1 克	1.1 克	1.1 克	18.7 克
维生素 B$_1$	维生素 B$_2$	维生素 E	维生素 C
0.1 毫克	0.04 毫克	0.6 毫克	44.4 毫克

蜂蜜档案

产地	性味	归经	保健作用
各地均有	性平味甘	肺、脾、胃经	润肠通便润肤生肌

成熟周期：全年均有

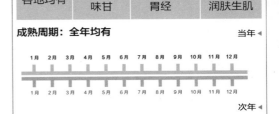

养颜美白 芳华不老蔬果汁

生活智慧王
　　火龙果很少有病虫害，不使用农药
就能正常生长。因此，火龙果是一种环
保且具有保健食疗作用的食品。

香蕉番茄乳酸饮

● 延缓老化＋润泽皮肤

蔬果汁热量 **165kcal/100ml**

操作方便度 ★★★★☆
推荐指数 ★★★☆☆

食材准备

乳酸菌饮料……100 毫升　番茄……150 克
香蕉…………100 克　　冷开水……适量

料理方法

① 将番茄洗净后切块，香蕉去皮切块。
② 将番茄、香蕉与乳菌酸饮料、冷开水放入榨
　 汁机中打成汁。

饮用功效

　　此饮品可止渴，对食欲不振有辅助治疗作
用，对肾炎患者有食疗作用，常吃能使皮肤细滑
白皙，可延缓衰老。

Tips: **此饮品可抗老化、润泽皮肤，更可帮助
排便，使血管胆固醇降低，让血管不堵塞。**

营养成分

以 100ml 可食蔬果汁计算

膳食纤维	蛋白质	脂肪	碳水化合物
1.2 克	4.4 克	3.1 克	24.9 克
维生素 B$_1$	维生素 B$_2$	维生素 E	维生素 C
0.1 毫克	0.1 毫克	0.3 毫克	4 毫克

科学食用宜忌

宜 番茄富含番茄红素，能抗氧化、防癌，
　 且对动脉硬化患者有很好的食疗作用。

忌 青色的番茄不宜食用，胃酸过多者，空
　 腹时不宜吃番茄，因为番茄中含有大量
　 果酸，食后会引起胃胀痛。

卷心火龙果汁

● 缓解便秘＋预防癌症

蔬果汁热量 **93kcal/100ml**

操作方便度 ★★★★☆
推荐指数 ★★★★☆

食材准备

卷心菜……100 克　　火龙果……120 克
冰糖………10 克　　冷开水……适量

料理方法

① 将火龙果洗净，去皮，切碎块；卷心菜洗净，
　 剥成小片。
② 将上述材料放入榨汁机中，加冷开水、冰糖，
　 打成汁即可。

饮用功效

　　火龙果是一种美容、保健佳品，且有较高
的药用价值。现代医学及中医均认为：火龙果对
咳嗽、气喘和各种现代疾病有很好的辅助疗效，
还可预防便秘、防老年病变、抑制肿瘤等，对重
金属中毒还具有解毒功效。

Tips: **此道蔬菜汁是健胃整肠、养颜美容的
佳品。**

营养成分

以 100ml 可食蔬果汁计算

膳食纤维	蛋白质	脂肪	碳水化合物
2.8 克	2.2 克	0.5 克	58.6 克
维生素 B$_1$	维生素 B$_2$	维生素 E	维生素 C
0.1 毫克	0.1 毫克	0.5 毫克	45.5 毫克

科学食用宜忌

宜 火龙果很少有病虫害，不使用农药就
　 可正常生长。因此，火龙果是一种环
　 保且具有食疗的保健营养食品。

忌 糖尿病患者少吃为好。

杨桃香蕉牛奶蜜

● 净肤亮白 + 消除皱纹

蔬果汁热量 **175.3kcal/100ml**

操作方便度 ★★★★☆
推荐指数 ★★★☆☆

食材准备

杨桃……………… 80 克 　　柠檬……………30 克
牛奶……………200 毫升 　冰糖……………10 克
香蕉……………100 克

料理方法

① 将杨桃洗净，切块；香蕉去皮；柠檬切片。
② 将杨桃、香蕉、柠檬、牛奶放入榨汁机中，搅打均匀。
③ 最后在果汁中加入少许冰糖调味即可。

饮用功效

　　此饮品能美白肌肤，消除皱纹，改善干性或油性肌肤。榨汁前，应用软毛刷先将杨桃刷洗干净，榨出的果汁味道会更好。

营养成分

以 100ml 可食蔬果汁计算

膳食纤维	蛋白质	脂肪	碳水化合物
3.1 克	8.6 克	6.8 克	137 克

冰糖芦荟桂圆露

● 红润脸色 + 排除毒素

蔬果汁热量 **137.1kcal/100ml**

操作方便度 ★★★★☆
推荐指数 ★★★☆☆

食材准备

桂圆………80 克 　　冰糖…………15 克
芦荟……100 克 　　冷开水…300 毫升

料理方法

① 将桂圆洗净，剥去外壳，取肉；芦荟洗净，去皮。
② 桂圆肉入小碗中，加沸水，加盖焖约 5 分钟，让它软化，放冷。
③ 将准备好的材料放入榨汁机中，加开水，快速搅拌，再加入适量冰糖即可。

饮用功效

　　芦荟有消肿止痛、止痒的功效，可以滋润皮肤，防止皱纹产生；桂圆可补血，两者合服，有使脸色更红润的神奇效果。

营养成分

以 100ml 可食蔬果汁计算

膳食纤维	蛋白质	脂肪	碳水化合物
5.9 克	2.4 克	0.2 克	117.2 克

香橙猕猴桃优酪乳

● 修护肌肤 + 活肤焕采

蔬果汁热量 **201kcal/100ml**

操作方便度：★ ★ ★ ★ ☆
推荐指数：★ ★ ☆ ☆ ☆

食材准备

猕猴桃……80 克　　　酸奶……250 克
柳橙………100 克

🔥 料理方法
① 将柳橙洗净，去皮。
② 猕猴桃洗净，切开取出果肉。
③ 将柳橙、猕猴桃果肉及酸奶一起放入榨汁机中搅拌均匀即可。

饮用功效
　　此饮品可以修护皮肤，并保持肌肤色泽，使皮肤洁净白皙，看起来白里透红。

营养成分			以 100ml 可食蔬果汁计算
膳食纤维	蛋白质	脂肪	碳水化合物
3.2 克	5.5 克	4.5 克	79.8 克

柠檬茭白香瓜汁

● 嫩白保湿 + 淡化雀斑

蔬果汁热量 **108kcal/100ml**

操作方便度：★ ★ ★ ★ ☆
推荐指数：★ ★ ★ ★ ☆

食材准备

柠檬………30 克　　香瓜……60 克
茭白……150 克　　猕猴桃……50 克
冰块……适量

🔥 料理方法
① 柠檬连皮切块；茭白洗净切块。
② 香瓜去皮和籽，切块。
③ 猕猴桃削皮后对切取果肉。
④ 将柠檬、猕猴桃、茭白、香瓜依序放入榨汁机中榨汁，再加冰块即可。

饮用功效
　　此饮品能嫩白保湿、淡化雀斑、清热解毒、除烦解渴。榨汁机里先放入冰块，可以防止榨汁过程中产生泡沫。

营养成分			以 100ml 可食蔬果汁计算
膳食纤维	蛋白质	脂肪	碳水化合物
6.2 克	3.5 克	3.9 克	84.4 克

祛斑消纹：养水嫩光泽肌肤

生活智慧王

　　在服用某些抗精神疾病类药物及抗霉菌剂期间，要避免食用葡萄柚，因为葡萄柚中含有的类黄酮会让药物大量积存在血液内，从而导致副作用。

蒲公英葡萄柚汁

● 祛除斑纹 + 消肿健胃

蔬果汁热量 **95kcal/100ml**

操作方便度 ★★★★☆
推荐指数 ★★★★☆

食材准备

柠檬……………50 克　　蒲公英叶子……50 克
葡萄柚……125 克　　冰块………………少许

料理方法

① 柠檬洗净切片；蒲公英叶子洗净。
② 葡萄柚剥皮，去果瓤。
③ 将冰块放进榨汁机内；再将柠檬、葡萄柚依次放入榨汁机中榨成汁，搅匀即可。

饮用功效

　　大量研究表明，蒲公英叶具有抑菌和明显杀菌作用，对金黄色葡萄球菌、伤寒杆菌、痢疾杆菌有抑制和杀灭作用，还具有清热解毒、消肿散结、利尿、健胃、消炎等作用，有"天然抗生素"之美称。

Tips: 选原材料时，以野生的蒲公英嫩叶为佳。

营养成分

			以 100ml 可食蔬果汁计算
膳食纤维	蛋白质	脂肪	碳水化合物
1.1 克	2.7 克	3.6 克	32.5 克
维生素 B_1	维生素 B_2	维生素 E	维生素 C
0.07 毫克	0.03 毫克	—	23 毫克

科学食用宜忌

宜 蒲公英味道较苦，可斟酌加入蜂蜜。
忌 经常食用可防止上火、燥热。

草莓香柚黄瓜汁

● 淡化斑点 + 清肝利胆

蔬果汁热量 **91kcal/100ml**

操作方便度 ★★★★☆
推荐指数 ★★★★☆

食材准备

草莓 ……………50 克　　黄瓜 ……100 克
葡萄柚……80 克　　柠檬………50 克

料理方法

① 将草莓洗净、去蒂。
② 去除葡萄柚的果瓤，留果肉；黄瓜洗净，切块。
③ 将草莓、黄瓜、葡萄柚、柠檬放入榨汁机中榨成汁即可。

饮用功效

　　葡萄柚中含有非常丰富的柠檬酸、钠、钾和钙，而柠檬酸有助于肉类的消化。葡萄柚中的类黄酮能有效抑制正常细胞发生癌变，经常食用葡萄柚可以增强身体抵抗力。

Tips: 此饮品可清肝利胆，淡化斑点。

营养成分

			以 100ml 可食蔬果汁计算
膳食纤维	蛋白质	脂肪	碳水化合物
1.2 克	1.1 克	3.2 克	35.2 克
维生素 B_1	维生素 B_2	维生素 E	维生素 C
0.1 毫克	0.1 毫克	0.4 毫克	22 毫克

科学食用宜忌

宜 在暴饮暴食后吃一些葡萄柚能促进消化。
忌 在服用某些抗精神疾病类药物及抗霉菌剂期间，忌食葡萄柚，因为葡萄柚中含有的类黄酮会让药物大量积存在血液内，可能会导致副作用。

美容蔬果汁

● 降压安神 + 亮泽肌肤

蔬果汁热量 **168kcal/100ml**

操作方便度 ★★★☆☆
推荐指数 ★★★☆☆

营养成分

以 100ml 可食蔬果汁计算

膳食纤维	蛋白质	脂肪	碳水化合物
2.3 克	2.9 克	2.7 克	132.2 克
维生素 B_1	维生素 B_2	维生素 E	维生素 C
0.2 毫克	0.8 毫克	1.8 毫克	1.3 毫克

花椰菜档案

产地	性味	归经	保健作用
河北 河南	性凉 味甘	胃、肝、肺经	促进消化 增进食欲

成熟周期：

当年
结果 结果
1月 2月 3月 4月 5月 6月 7月 8月 9月 **10月 11月** 12月
1月 2月 3月 4月 5月 6月 7月 8月 9月 10月 11月 12月
次年

食材准备

绿花椰菜…100 克   芹菜…………50 克
苹果……100 克   果糖…………10 克
橘子………80 克   冷开水……250 毫升

🍲 料理方法

① 橘子去皮去籽，苹果去皮去核，切块。
② 芹菜洗净切段；花椰菜切块。
③ 橘子、苹果、绿花椰菜、芹菜放入榨汁机中榨汁。
④ 将汁倒入榨汁机中加果糖、冷开水高速搅打即可。

饮用功效

　　此饮品可以促进消化，增进食欲，同时还能降压安神、清热利尿。

👨‍🍳 绿花椰菜的挑选小窍门

　　看花球的成熟度，以花球周边未散开的为好。花球的色泽，以深绿、无异味、无毛花的为佳。

黄芪李子奶

● 润肤美白＋利尿排毒

食材准备

黄芪……25 克　　冰糖………15 克
李子……75 克　　鲜奶……150 克

🍳 料理方法

① 将黄芪加水煮开，再转小火煎20分钟后过滤，放凉，制成冰块备用。
② 李子洗净，切块，备用。
③ 李子与冰糖、鲜奶一起放入榨汁机中打成汁，再加冰块即可。

🧃 饮用功效

补气固本、利尿排毒、祛斑美容。

👨‍🍳 李子的挑选小窍门

挑选李子的时候最好选颜色深红、表面没有虫蛀的，触摸起来果品紧实，如果捏起来手感很软，说明马上就要腐烂。另有一种说法：古人认为把李子放在水里，浮起来的是不能吃的。

蔬果汁热量 **96kcal/100ml**

操作方便度：★★★★☆
推荐指数：★★★☆☆

营养成分

以 100ml 可食蔬果汁计算

膳食纤维	蛋白质	脂肪	碳水化合物
0.9 克	4.7 克	3.9 克	29 克
维生素 B_1	维生素 B_2	维生素 E	维生素 C
0.3 毫克	0.1 毫克	1 毫克	7 毫克

李子档案

产地	性味	归经	保健作用
河北 山东	性平，味 甘、酸	肝、肾经	生津止渴 除热利水

成熟周期：

当年 ◀

| 1月 | 2月 | 3月 | 4月 | 5月 | 6月 | 7月 | 8月 | 9月 | 10月 | 11月 | 12月 |

结果　结果

| 1月 | 2月 | 3月 | 4月 | 5月 | 6月 | 7月 | 8月 | 9月 | 10月 | 11月 | 12月 |

次年 ◀

养颜美白 芳华不老蔬果汁

蔬果豆香汁

● 淡斑美白 + 亮颜活肤

蔬果汁热量 **75kcal/100ml**

操作方便度 ★★★★☆
推荐指数 ★★★★☆

食材准备

番茄………80 克　　柠檬………50 克
芹菜………20 克　　蜂蜜………15 克
嫩豆腐………70 克　　冷开水……250 毫升

料理方法

① 番茄切块；芹菜切 2 ~ 3 厘米长，榨成汁；
　豆腐适度切块，柠檬去皮切块。
② 将番茄、芹菜汁倒入榨汁机中，加豆腐、柠檬、
　蜂蜜、冷开水，高速搅打 1 分钟即可。
③ 如果味道太浓可以多加水。

饮用功效

　　此饮品可嫩肤美白、生津解毒，淡斑祛纹。
肠胃不佳者不宜空腹饮用。

营养成分

以 100ml 可食蔬果汁计算

膳食纤维	蛋白质	脂肪	碳水化合物
2 克	7.3 克	4.9 克	49.3 克

山楂柠檬莓汁

● 除斑美白 + 焕采醒肤

蔬果汁热量 **100kcal/100ml**

操作方便度 ★★★★☆
推荐指数 ★★★★☆

食材准备

山楂………50 克　　冷开水……100 克
草莓………40 克　　冰糖………10 克
柠檬………20 克

料理方法

① 将山楂洗净，装入纱布袋中，入锅，加水，
　用大火煮开，再转小火煮 30 分钟，放凉。
② 把草莓、柠檬、冷开水放入榨汁机内打 2 分
　钟成汁。
③ 将果汁与山楂液混合后加入冰糖调味即可。

饮用功效

　　山楂可降低血液中甘油三酯的含量，是小
腹凸出者去油减重的最佳选择。柠檬有助于保持
皮肤光洁细致。饮用此品可美白亮颜。

营养成分

以 100ml 可食蔬果汁计算

膳食纤维	蛋白质	脂肪	碳水化合物
2.1 克	0.8 克	0.4 克	66 克

柠檬绿芹香瓜汁

● 淡化黑斑 + 祛除雀斑

蔬果汁热量 **101kcal/100ml**

操作方便度 ★★★★☆
推荐指数 ★★★★☆

食材准备

柠檬……50 克　　　香瓜……150 克
芹菜……30 克　　　冰块………适量

料理方法

① 将柠檬洗净切片。
② 香瓜对切为二，削皮，去籽切块。
③ 芹菜洗净备用。
④ 将芹菜整理成束，放入榨汁机，再将香瓜、柠檬放入，一起榨汁。
⑤ 蔬果汁中加入冰块即可。

饮用功效

　　此饮品可淡化黑斑、雀斑，对晒伤具有一定的疗效。

营养成分		以 100ml 可食蔬果汁计算	
膳食纤维	蛋白质	脂肪	碳水化合物
2 克	1.8 克	1.3 克	41.5 克

酪梨柠檬橙汁

● 延缓衰老 + 预防黑斑

蔬果汁热量 **146kcal/100ml**

操作方便度 ★★★★☆
推荐指数 ★★☆☆☆

食材准备

酪梨……200 克　　　柠檬……50 克
柳橙………50 克

料理方法

① 将酪梨洗净，去皮、籽，切成小块。
② 柳橙洗净，去皮；柠檬切片。
③ 把酪梨、柳橙、柠檬放入榨汁机中，加适量水，搅匀即可。

饮用功效

　　此饮品富含多种维生素、矿物质，可抵抗自由基，防止氧化，因此可以预防皱纹、黑斑。

营养成分		以 100ml 可食蔬果汁计算	
膳食纤维	蛋白质	脂肪	碳水化合物
6.5 克	6.6 克	51.1 克	84.9 克

生活智慧王

　　橘子不宜空腹时食用，若吃多了还会产生咽喉干痛、便秘等症状，另外，脾胃虚寒的人应该少吃橘子，以免诱发腹痛。

木瓜蜜汁

● 祛除斑纹 + 消肿除脂

蔬果汁热量 **107kcal/100ml**

操作方便度 ★★★★☆
推荐指数 ★★★★☆

食材准备

木瓜……180 克　　　蜂蜜……10 克
牛奶……100 克　　　冰块………适量

🔥 料理方法

① 木瓜洗净，去籽，切成小块。
② 牛奶、蜂蜜放入杯中，搅拌约 10 秒。
③ 再加冰块继续搅拌，将切好的木瓜块放入杯中即可。

饮用功效

　　中医认为木瓜能理脾和胃、平肝舒筋，为治转筋、腿痛、脚气的良药。临床上常用木瓜治疗风湿性关节炎、消化不良等疾病。而现代医学研究认为，木瓜所含的齐墩果酸成分具有护肝、抗炎抑菌、降低血脂等功效。

营养成分

以 100ml 可食蔬果汁计算

膳食纤维	蛋白质	脂肪	碳水化合物
2.1 克	1.6 克	1 克	54.1 克
维生素 B_1	维生素 B_2	维生素 E	维生素 C
0.1 毫克	0.1 毫克	1.1 毫克	110.1 毫克

科学食用宜忌

● 宜 经常食用能软化血管、抗衰养颜、防癌、增强体质。
● 忌 做熟的木瓜往往会失去其营养价值，所以市面上做的木瓜菜肴是不科学的。

蜂蜜豆浆

● 嫩白肌肤 + 淡斑美白

蔬果汁热量 **155kcal/100ml**

操作方便度 ★★★★☆
推荐指数 ★★★★☆

食材准备

豆浆……200 毫升　　　冰块……15 克
蜂蜜………10 克

🔥 料理方法

① 将豆浆和蜂蜜倒入榨汁机中，充分搅拌。
② 打开盖，放入块冰继续搅拌 30 秒即可。

饮用功效

　　此款饮品具有健脾、顺气、止渴的药效，尤其对于女性来说都是适宜的饮品。

营养成分

以 100ml 可食蔬果汁计算

膳食纤维	蛋白质	脂肪	碳水化合物
2.2 克	3.7 克	2.7 克	73.5 克
维生素 B_1	维生素 B_2	维生素 E	维生素 C
0.1 毫克	0.1 毫克	1.6 毫克	5 毫克

科学食用宜忌

● 宜 经常喝豆浆能改善骨骼代谢，预防骨质疏松，减少动脉硬化的危险。
● 忌 急性胃炎和慢性浅表性胃炎患者不宜饮用豆浆，以免刺激胃酸分泌过多加重病情，或者引起胃肠胀气。

蒲公英草莓汁

● 细致肌肤＋红润脸色

蔬果汁热量 129kcal/100ml

操作方便度 ★★★★☆
推荐指数   ★★★☆☆

营养成分

以 100ml 可食蔬果汁计算

膳食纤维	蛋白质	脂肪	碳水化合物
5.4 克	4.6 克	6.3 克	50.5 克
维生素 B_1	维生素 B_2	维生素 E	维生素 C
0.1 毫克	0.1 毫克	1.7 毫克	709 毫克

蒲公英档案

产地	性味	归经	保健作用
河北 河南	性寒，味 甘、微苦	胃、肝、 肺经	清热解毒 消肿散结

成熟周期：

结果 结果 结果 结果   当年 ◄

1月 2月 **3月** **4月** **5月** **6月** 7月 8月 9月 10月 11月 12月

1月 2月 3月 4月 5月 6月 7月 8月 9月 10月 11月 12月

次年 ◄

食材准备

草莓………100 克   柠檬…………30 克
蒲公英……50 克   冰块…………60 克
猕猴桃……50 克

料理方法

① 将草莓洗净，去蒂；猕猴桃剥皮后对切块；
   柠檬切块；蒲公英洗净。
② 将草莓、蒲公英、猕猴桃和柠檬放入榨汁机
   榨成汁。
③ 加入冰块即可。

饮用功效

此饮品能淡化黑斑、雀斑，改善皮肤粗糙
等问题。

蒲公英的食用小窍门

凉拌：洗净的蒲公英用沸水焯 1 分钟，捞出，
用冷水冲一下。佐以辣椒油、味精、盐、香油、
醋、蒜泥等即可食用。

柠檬菠菜香柚汁

● 淡化黑斑 + 美白肌肤

食材准备

柠檬………50 克　　柚子……120 克
菠菜………100 克　　冰块……少许

料理方法

① 将柠檬洗净后连皮切块。
② 柚子去皮后去除果瓤及籽。
③ 菠菜洗净，撕开。
④ 把柠檬、菠菜、柚子肉放入榨汁机内榨汁，再加冰块即可。

饮用功效

　　此饮品能够改善皮肤粗糙症状、淡化黑斑、美白肌肤。

菠菜的储存小窍门

　　菠菜极易腐烂，只要在冰点以上（接近0℃），温度愈低，储存期限愈长，接近0℃储存，约可存放3周。随着储存温度升高，储存期限迅速缩短。

营养成分

以 100ml 可食蔬果汁计算

膳食纤维	蛋白质	脂肪	碳水化合物
2.7 克	3.8 克	4.2 克	46.5 克
维生素 B_1	维生素 B_2	维生素 E	维生素 C
0.1 毫克	0.1 毫克	0.7 毫克	23 毫克

菠菜档案

产地	性味	归经	保健作用
山东 河南	性寒 味甘	心、胃经	清热解暑 利尿止渴

成熟周期：

当年 ◀

| 1月 | 2月 | 3月 | 4月 | 5月 | 6月 | 7月 | 8月 | 9月 结果 | 10月 结果 | 11月 | 12月 |

次年 ◀

木瓜香橙优酪乳

- ● 抑制黑色素＋光采焕颜

蔬果汁热量 **183kcal/100ml**

操作方便度 ★★★★☆
推荐指数 ★★★☆☆

食材准备

木瓜……100 克　　柠檬………30 克
柳橙………50 克　　酸奶……120 毫升

🍳 料理方法

① 将木瓜去皮、去籽，切小块。
② 柳橙切半，榨汁。
③ 柠檬榨出汁。
④ 将木瓜、柳橙汁、柠檬汁、酸奶放入榨汁机里打匀即可。

🍶 饮用功效

　　此饮品可促进皮肤的新陈代谢，使皮肤保持光滑细腻，抵抗紫外线，防止斑点生成。木瓜有收缩子宫的作用，可能导致流产，所以孕妇不宜食用。

营养成分		以 100ml 可食蔬果汁计算	
膳食纤维	蛋白质	脂肪	碳水化合物
1.2 克	2.8 克	8.4 克	31.4 克

柠檬橙汁

- ● 预防雀斑＋降火解渴

蔬果汁热量 **153kcal/100ml**

操作方便度 ★★★★☆
推荐指数 ★★★★☆

食材准备

柳橙……150 克　　蜂蜜……10 克
柠檬………50 克

🍳 料理方法

① 将柳橙洗净，切半，用榨汁机榨成汁倒出。
② 将柠檬放入榨汁机中榨成汁。
③ 将柳橙汁与柠檬汁及蜂蜜混合，拌匀即可。

🍶 饮用功效

　　此饮品可预防雀斑，降火解渴。还有美白、抗氧化和降低胆固醇的作用。

营养成分		以 100ml 可食蔬果汁计算	
膳食纤维	蛋白质	脂肪	碳水化合物
0.7 克	1.2 克	3.7 克	72.5 克

草莓紫苏橘汁

● 祛斑除皱 + 养颜美容

蔬果汁热量 **134kcal/100ml**

操作方便度 ★★★★☆
推荐指数 ★★★★☆

食材准备

草莓………120 克　　柠檬……50 克
紫苏叶……15 克　　冰块………少许
橘子………50 克

🍳 料理方法

① 将草莓洗净，去蒂；橘子、柠檬洗净，连皮
　切成块。
② 将敲碎的冰块放进榨汁机容器里。
③ 将柠檬、草莓及橘子榨成汁；再重叠几片紫
　苏叶，卷成卷，放入榨汁机，榨成汁即可。

🔲 饮用功效

　　此饮品可以淡化雀斑、黄褐斑，缓解糖
尿病症状。

营养成分			以 100ml 可食蔬果汁计算
膳食纤维	蛋白质	脂肪	碳水化合物
10 克	1.7 克	5 克	57.8 克

柠檬牛蒡香柚汁

● 滋润肌肤 + 淡化斑点

蔬果汁热量 **168kcal/100ml**

操作方便度 ★★★★☆
推荐指数 ★★★☆☆

食材准备

柠檬………50 克　　冰块……少许
牛蒡……100 克　　盐………少许
柚子……100 克

🍳 料理方法

① 将柠檬连皮切成块；将牛蒡洗净，切成可放
　入榨汁机的大小。
② 柚子除去果瓤和籽备用。
③ 将柠檬、柚子肉和牛蒡放进榨汁机榨成汁。
④ 在果汁中加入冰块，再加入盐调味即可。

🔲 饮用功效

　　此款蔬果汁可以淡化斑点、滋润皮肤。

营养成分			以 100ml 可食蔬果汁计算
膳食纤维	蛋白质	脂肪	碳水化合物
3.3 克	5.7 克	4.4 克	44.9 克

防治粉刺：告别青春痘烦恼

生活智慧王

　　菠菜要避免与豆制品、海米、海带等食物同煮。另外，脾胃虚寒者应该少吃菠菜，肾结石患者应忌食。

草莓蜜瓜菠菜汁

● 通利肠胃 + 消除痘痘

蔬果汁热量 **95kcal/100ml**

操作方便度：★★★★☆
推荐指数：★★★★☆

食材准备

草莓………50 克　　　菠菜……60 克
哈密瓜……120 克　　　蜜柑……50 克
冰块………少许

料理方法

① 将草莓洗净，去蒂；哈密瓜去皮，切成块。
② 蜜柑剥皮后去除籽；菠菜洗净，去根，备用。
③ 将草莓、蜜柑、菠菜、哈密瓜放进榨汁机中压榨成汁。

饮用功效

　　菠菜能滋阴润燥、通利肠胃、补血止血、泻火下气。对肠胃失调、肠燥便秘以及肠结核、痔疮、贫血、高血压等症均有疗效。吃菠菜可保持视力正常和上皮细胞健康、增强抵抗力。对预防口腔炎、皮炎、阴囊炎也有很好的效果。

Tips：菠菜与蜜柑一起榨汁，效果不错。

营养成分

以 100ml 可食蔬果汁计算

膳食纤维	蛋白质	脂肪	碳水化合物
5 克	2.2 克	0.3 克	5 克
维生素 B$_1$	维生素 B$_2$	维生素 E	维生素 C
0.2 毫克	0.1 毫克	1.1 毫克	42 毫克

科学食用宜忌

宜 菠菜与蔬菜水果同食，可防止结石。

忌 菠菜不能与豆制品、虾米、海带等食物同煮。脾胃虚寒、腹泻便溏者应少食，肾炎和肾结石患者不宜食。

草莓橘香芒果汁

● 治疗粉刺 + 防止过敏

蔬果汁热量 **130kcal/100ml**

操作方便度：★★★★☆
推荐指数：★★★★☆

食材准备

草莓………50 克　　　芒果……100 克
橘子………50 克　　　冰块……30 克
蒲公英………5 克

料理方法

① 将草莓洗净，去蒂；橘子连皮切成块；芒果去籽，用汤匙挖取果肉；蒲公英洗净备用。
② 将草莓、橘子、芒果及蒲公英放入榨汁机，压榨成汁。
③ 在榨汁机内加入少许冰块即可。

饮用功效

　　中医认为：芒果解渴生津，有益胃止呕、生津解渴及止晕眩等功效，甚至可治胃热烦渴、呕吐不适及晕车、晕船等症。现代医学研究认为：芒果含有丰富的维生素 A、维生素 C，有益视力健康、延缓细胞衰老、预防老年痴呆。

Tips：此汁能治青春痘，还能预防过敏。

营养成分

以 100ml 可食蔬果汁计算

膳食纤维	蛋白质	脂肪	碳水化合物
7.9 克	7.6 克	1.8 克	44.3 克
维生素 B$_1$	维生素 B$_2$	维生素 E	维生素 C
0.1 毫克	0.1 毫克	2.8 毫克	165 毫克

科学食用宜忌

宜 本品适宜职场女性多饮用。

忌 患有皮肤病或肿瘤的人，应禁食芒果。芒果不宜一次食入过多，且不宜与辛辣食物同食，否则易导致黄疸。

养颜美白 芳华不老蔬果汁

双瓜柠檬汁

● 缓解青春痘+滋润肌肤

蔬果汁热量　118.7kcal/100ml

操作方便度　★★★★☆
推荐指数　★★★☆☆

营养成分			
		以 100ml 可食蔬果汁计算	
膳食纤维	蛋白质	脂肪	碳水化合物
3.7 克	0.2 克	0.6 克	27.2 克
维生素 B_1	维生素 B_2	维生素 E	维生素 C
0.1 毫克	0.2 毫克	0.9 毫克	96.4 毫克

减肥小贴士

　　黄瓜水分含量高，热量低，还含有一种叫做"丙醇二酸"的物质，它能有效抑制糖类物质转化为脂肪。肥胖者可以每晚不吃晚餐，食用一根黄瓜，最好带皮食用。

食材准备

黄瓜……200 克　　　柠檬……30 克
木瓜……100 克

料理方法

① 将黄瓜洗净，切成块；木瓜洗净，去皮、去瓤，切块；柠檬切成小片。
② 将所有材料放入榨汁机中榨出汁即可。

饮用功效

　　此饮品可缓解青春痘症状，滋润皮肤。但不宜过量饮用，否则可能会发生胀气、腹泻等副作用。另外，孕妇不宜饮用。

美白牙齿的小窍门

　　柠檬含丰富的维生素 C 和果酸成分，有助于淡化黑斑、黑色素，从而达致美白功效。如果你的牙齿偏黄，刷牙后，用纱布或棉布沾点柠檬汁，经常仔细地摩擦牙齿，有助于牙齿变洁白。

润肤蔬果蜜

● 美白润肤 + 去痘消肿

蔬果汁热量 **135kcal/100ml**

操作方便度 ★★★★☆
推荐指数 ★★★☆☆

食材准备

梨………150 克	蜂蜜……10 克
荸荠……50 克	麦冬……15 克
生菜……30 克	

料理方法

① 将梨、荸荠洗净，去皮，切块；将生菜洗净剥片。
② 将麦冬用热水泡一晚，使它软化。
③ 除蜂蜜外，将其他所有材料放入榨汁机中榨成汁，饮用时加蜂蜜调味即可。

饮用功效

　　美白抗氧化，润肤去痘。此饮料有清热祛湿之功效，可促进新陈代谢，抑制皮肤毛囊的细菌生长。

荸荠的挑选小窍门

　　荸荠以个大、洁净、新鲜为上品。尤其是以色泽紫红、顶芽较短的"铜皮荸荠"品质最佳。其皮薄、肉细、汁多、味甜、爽脆、无渣。而色泽紫黑、顶芽较长的"铁皮荸荠"品质稍差，因其质粗多渣。

营养成分

以 100ml 可食蔬果汁计算

膳食纤维	蛋白质	脂肪	碳水化合物
3 克	1.9 克	0.7 克	27.2 克
维生素 B_1	维生素 B_2	维生素 E	维生素 C
0.1 毫克	0.2 毫克	1.7 毫克	209 毫克

荸荠档案

产地	性味	归经	保健作用
江苏 安徽	性寒 味甘	脾、肺经	生津止渴 润肠通便

成熟周期：

当年 ◀
结果 结果
1月 2月 3月 4月 5月 6月 7月 8月 9月 **10月** **11月** 12月

1月 2月 3月 4月 5月 6月 7月 8月 9月 10月 11月 12月
次年 ◀

红糖西瓜饮

● 控油洁肤 + 预防过敏

蔬果汁热量 **166kcal/100ml**

操作方便度 ★★★★☆
推荐指数 ★★★☆☆

食材准备

柳橙……100 克　　　蜂蜜……10 克
西瓜……200 克　　　红糖……15 克

🍳 料理方法

① 将柳橙洗净,切片;西瓜洗净,去皮,取西瓜肉。

② 将柳橙放入榨汁机内榨出汁,倒入杯中,加蜂蜜搅和均匀。

③ 将西瓜肉榨汁,放入红糖,按分层方式轻轻注入杯中即可。

🧃 饮用功效

此饮品可控油洁肤,防治皮肤过敏。

营养成分

以 100ml 可食蔬果汁计算

膳食纤维	蛋白质	脂肪	碳水化合物
1 克	1.8 克	0.2 克	26.7 克

蜜桃牛奶

● 防治粉刺 + 润肤养颜

蔬果汁热量 **174kcal/100ml**

操作方便度 ★★★★☆
推荐指数 ★★★☆☆

食材准备

桃子……150 克　　　牛奶……250 毫升
蜂蜜………10 克　　　冰块…………10 克

🍳 料理方法

① 将桃子洗净,剥掉皮,削下果肉备用。

② 将牛奶倒入榨汁机的容杯中,加入蜂蜜、冰块,搅拌均匀。

③ 将削下的果肉放进牛奶中,搅拌 40 秒,也可依个人喜好加少许柠檬汁调味。

🧃 饮用功效

此饮品可防治青春痘、粉刺,润肤养颜。

营养成分

以 100ml 可食蔬果汁计算

膳食纤维	蛋白质	脂肪	碳水化合物
1.7 克	9.1 克	5.9 克	51.9 克

柠檬生菜莓汁

● 清除痘痘 + 缓解晒伤

蔬果汁热量 **113kcal/100ml**

操作方便度 ★★★★☆
推荐指数 ★★★★☆

食材准备

柠檬……50 克 草莓……75 克
生菜……80 克 冰块……10 克

料理方法

① 将柠檬连皮切成块；草莓洗净后去蒂；生菜洗净。
② 将柠檬和草莓直接放入榨汁机里榨成汁，生菜卷成卷，放入榨汁机里榨汁。
③ 在果汁中加入冰块即可。

饮用功效

此饮品能缓解青春痘，淡化雀斑、黑斑，防治皮肤晒伤。

营养成分			以 100ml 可食蔬果汁计算
膳食纤维	蛋白质	脂肪	碳水化合物
2.8 克	2.3 克	0.9 克	8.7 克

香瓜蔬果汁

● 细致肌肤 + 祛脂减肥

蔬果汁热量 **122kcal/100ml**

操作方便度 ★★★★☆
推荐指数 ★★★☆☆

食材准备

香瓜……200 克 蜂蜜……20 毫升
芹菜……100 克 苹果……50 克

料理方法

① 芹菜洗净，撕去老叶及坏茎，切小段备用。
② 香瓜、苹果均洗净，去皮、去籽，切小块，一起放入榨汁机中，加入芹菜打成汁，滤除果菜渣，倒入杯中备用。
③ 杯中加入蜂蜜调匀即可。

饮用功效

此饮品可细滑、滋润、白嫩皮肤，还可淡化皮肤暗疮、雀斑、黑斑等。

营养成分			以 100ml 可食蔬果汁计算
膳食纤维	蛋白质	脂肪	碳水化合物
1.7 克	1.4 克	0.2 克	14.3 克

生活智慧王

　　胡萝卜因其营养成分丰富，能与人参媲美而得名"小人参"。但是要避免与酒同食，否则易导致肝病。

胡萝卜菠萝汁

● 消炎除痘＋清热解毒

蔬果汁热量 **133kcal/100ml**

操作方便度 ★★★★☆
推荐指数 ★★★★☆

食材准备

胡萝卜……100 克　　　菠萝……100 克
冰块………60 克　　　　柠檬………50 克

料理方法

① 菠萝切除叶子，去皮切小块；胡萝卜切块。
② 将胡萝卜放入榨汁机内榨成汁，再放入菠萝、柠檬榨汁。
③ 将果汁倒入杯中，加冰块即可。

饮用功效

　　胡萝卜能健脾，具有促进机体生长、维持上皮组织、防止呼吸道感染及维护视力、治疗夜盲症和眼干燥症等功能。可辅助治疗消化不良、久痢、咳嗽、眼疾，还可降血糖。柠檬的芳香气味是挥发油所致，能助消化，并有杀菌作用。

营养成分

以 100ml 可食蔬果汁计算

膳食纤维	蛋白质	脂肪	碳水化合物
2.2 克	2 克	1.2 克	21.2 克
维生素 B$_1$	维生素 B$_2$	维生素 E	维生素 C
0.1 毫克	0.1 毫克	1.2 毫克	56 毫克

科学食用宜忌

宜 胡萝卜富含丰富的维生素，能为人体补充多重营养素。

忌 胡萝卜不要与酒同食，以免导致肝病。

枇杷胡萝卜苹果汁

● 祛火除燥＋净痘美肤

蔬果汁热量 **134kcal/100ml**

操作方便度 ★★★☆☆
推荐指数 ★★★☆☆

食材准备

胡萝卜……100 克　　　枇杷……100 克
苹果………50 克　　　冰块………40 克
柠檬………50 克

料理方法

① 胡萝卜、苹果切小块；枇杷剥皮，除籽；柠檬切片。
② 将胡萝卜、枇杷、苹果、柠檬按次序放入榨汁机内榨汁。
③ 将果汁倒入杯中，加冰块即可。

饮用功效

　　中医认为：枇杷味苦、性平，入肺、胃经，既能清肺气而止咳，又可降胃逆而止呕。凡风热燥火等所引起的咳嗽、呕呃，都可应用之。现代医学研究认为：常食枇杷可止咳、润肺、利尿、健胃、清热，对肝脏疾病也有疗效。

营养成分

以 100ml 可食蔬果汁计算

膳食纤维	蛋白质	脂肪	碳水化合物
3.5 克	2.5 克	1.7 克	48 克
维生素 B$_1$	维生素 B$_2$	维生素 E	维生素 C
0.1 毫克	0.1 毫克	3.6 毫克	36 毫克

科学食用宜忌

宜 一般人均可食用。

忌 脾胃虚寒、糖尿病患者请谨慎食用。

养颜美白 芳华不老蔬果汁

柠檬香芹橘汁

● 淡化雀斑＋清除痤疮

蔬果汁热量 63kcal/100ml

操作方便度 ★★★★☆
推荐指数 ★★★★☆

营养成分

以 100ml 可食蔬果汁计算

膳食纤维	蛋白质	脂肪	碳水化合物
0.4 克	0.3 克	0.2 克	30.8 克
维生素 B_1	维生素 B_2	维生素 E	维生素 C
0.1 毫克	0.1 毫克	0.2 毫克	7.8 毫克

芹菜档案

产地	性味	归经	保健作用
四川 河北	性凉，味 甘、辛	肺、脾、 胃经	通利小便 清热平肝

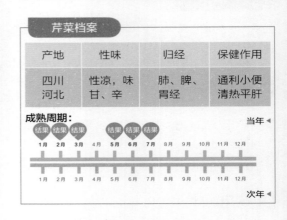

成熟周期：

当年 ◀

结果 结果 结果   结果 结果 结果

1月 2月 3月 4月 5月 6月 7月 8月 9月 10月 11月 12月

1月 2月 3月 4月 5月 6月 7月 8月 9月 10月 11月 12月

次年 ◀

食材准备

柠檬……25 克   橘子……100 克
西芹……30 克   冰块……50 克

🍳 料理方法

① 将西芹洗净，橘子去除果瓤与籽，西芹折弯 曲后包裹橘子果肉，柠檬切片。
② 西芹包裹着橘子，与柠檬一起放入榨汁机里 榨汁。
③ 再往果汁中加入冰块即可。

饮用功效

　　此饮品可帮助消化，淡化雀斑，改善青春 痘症状。

👩‍🍳 去头皮屑的小窍门

　　头皮屑多时，可以将一杯柠檬汁，加入两 汤匙日本米酒，再混入一汤匙蜂蜜，搅匀后平均 抹在干的头皮上，轻轻按摩 5 分钟。待 10 分钟 后用清水冲洗干净后，再用平日用的洗发水洗发， 会有减少头皮屑的作用。

芭蕉芒果汁

● 润泽肌肤 + 预防青春痘

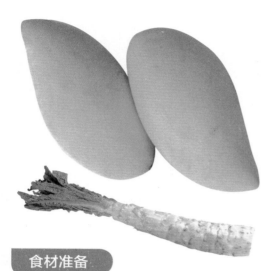

操作方便度 ★★★★☆
推荐指数 ★★★☆☆

食材准备

柠檬……… 30 克   芭蕉………100 克
莴笋……… 50 克   冰块…… … 10 克
芒果………150 克

料理方法

① 将柠檬切成块；莴笋洗净，切成可放入榨汁
机的大小；芒果和芭蕉切成块状。
② 将柠檬和莴笋放入榨汁机榨成汁。
③ 将柠檬和莴笋的混合汁倒入榨汁机，加入芒
果和芭蕉，搅拌，加冰块即可。

饮用功效

缓解便秘、润泽皮肤、预防青春痘。

芭蕉的挑选小窍门

芭蕉以中间粗两端细，无病斑，无创伤，
颜色为灰黄色，无斑点，果柄较长者为佳。

营养成分

以 100ml 可食蔬果汁计算

膳食纤维	蛋白质	脂肪	碳水化合物
6.6 克	3.4 克	1.2 克	43.9 克
维生素 B$_1$	维生素 B$_2$	维生素 E	维生素 C
0.1 毫克	0.1 毫克	3.1 毫克	68 毫克

芭蕉档案

产地	性味	归经	保健作用
海南 广西	性寒 味甘	肺、胃、 大肠	养阴润肺 滑肠通便

成熟周期：全年均有

当年 ◀

| 1月 | 2月 | 3月 | 4月 | 5月 | 6月 | 7月 | 8月 | 9月 | 10月 | 11月 | 12月 |

次年 ◀

养颜美白 芳华不老蔬果汁

卷心葡萄汁

● 紧致毛孔＋缓解青春痘

蔬果汁热量 **101kcal/100ml**

操作方便度 ★★★★☆
推荐指数 ★★★★☆

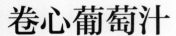

食材准备

卷心菜……120 克　　柠檬……50 克
葡萄…………80 克　　冰块………少许

🍲 料理方法
① 将卷心菜洗净，葡萄洗净，柠檬洗净后切片。
② 用卷心菜叶把葡萄包起来。
③ 将所有的材料放入榨汁机内，榨出汁即可。

🥤 饮用功效
　　此饮品可改善皮肤粗糙，缓解青春痘。

番茄香柚汁

● 润泽肌肤＋红润脸色

蔬果汁热量 **147kcal/100ml**

操作方便度 ★★★★☆
推荐指数 ★★★★☆

食材准备

沙田柚……200 克　　冷开水…200 毫升
番茄………100 克　　蜂蜜………15 克

🍲 料理方法
① 将沙田柚洗净，切开取果肉，放入榨汁机中榨汁。
② 将番茄洗净，切块，与沙田柚汁、冷开水放入榨汁机内榨汁。
③ 饮前加适量蜂蜜即可。

🥤 饮用功效
　　本饮品具有润泽肌肤、清热解毒的作用，可以帮助机体排除毒素，预防粉刺滋生。

营养成分

			以 100ml 可食蔬果汁计算
膳食纤维	蛋白质	脂肪	碳水化合物
3.2 克	2.5 克	1.3 克	7 克

营养成分

			以 100ml 可食蔬果汁计算
膳食纤维	蛋白质	脂肪	碳水化合物
0.8 克	0.7 克	0.6 克	12.2 克

甜柿柠檬汁

● 预防痘痘 + 淡化斑纹

蔬果汁热量 **153kcal/100ml**

操作方便度 ★★★★☆
推荐指数 ★★★☆☆

食材准备

柿子………200 克   冷开水…240 毫升
柠檬………30 克   果糖………10 克

🍳 料理方法

① 柿子切除蒂头，去籽，切成小丁。
② 柠檬去皮，切小块。
③ 将上述材料放入榨汁机中，高速搅打 1 分钟，
   加入果糖，搅拌均匀即可。

🥛 饮用功效

　　此饮品能够促进新陈代谢，防治青春痘、
黑斑、雀斑、净化血液。如能用柿子嫩叶榨汁，
营养价值更高。

营养成分
以 100ml 可食蔬果汁计算

膳食纤维	蛋白质	脂肪	碳水化合物
2.6 克	0.6 克	0.3 克	3.4 克

柠檬柳橙猕猴桃汁

● 滋润皮肤 + 修复晒伤

蔬果汁热量 **141kcal/100ml**

操作方便度 ★★★★☆
推荐指数 ★★★★☆

食材准备

柠檬………30 克   柳橙………80 克
豆芽菜……100 克   冰块………少许
猕猴桃………50 克

🍳 料理方法

① 将柠檬洗净后连皮切成块；去除柳橙的果皮
   及籽；猕猴桃削皮后切小块。
② 将柠檬、柳橙放入榨汁机内榨汁，豆芽和猕
   猴桃顺序交错地放入榨汁机中榨汁。
③ 在果汁中加入少许冰块即可。

🥛 饮用功效

　　此饮品可滋润皮肤，防过敏，对晒伤的皮
肤也有一定修复疗效。

营养成分
以 100ml 可食蔬果汁计算

膳食纤维	蛋白质	脂肪	碳水化合物
2.2 克	2.6 克	0.5 克	8.5 克

润泽肌肤：宛若新生的触感

草莓柠檬优酪乳

● 促进排毒＋增强体质

蔬果汁热量 **168.8kcal/100ml**

操作方便度　★★★★☆
推荐指数　　★★★☆☆

食材准备

草莓……250 克　　　奶酪……20 克
柠檬………30 克

料理方法

① 将草莓洗净去蒂，切块；柠檬切片。
② 将所有材料放入榨汁机一起搅打均匀即可。

饮用功效

　　奶酪中除含有乳制品的价值外，还含有活性益生菌，有助于改善胃肠道环境，抑制腐败毒性物质的滋生，能促进消化、增强免疫力、对抗癌症。

Tips： 此饮品可以促进排便，避免毒物积存体内，还可以预防面疱、青春痘的产生。

营养成分

以 100ml 可食蔬果汁计算

膳食纤维	蛋白质	脂肪	碳水化合物
2.2 克	2.6 克	0.5 克	8.5 克
维生素 B₁	维生素 B₂	维生素 E	维生素 C
0.1 毫克	0.1 毫克	0.8 毫克	245 毫克

科学食用宜忌

宜 奶酪必须在饭后 2 小时左右食用。

忌 本饮品不能加热，因为一经加热，大量活性乳酸菌会被杀死，失去了营养价值和保健功能。

菠萝苹果汁

● 瘦身美白＋修复晒伤

蔬果汁热量 **192.2kcal/100ml**

操作方便度　★★★★☆
推荐指数　　★★★★☆

食材准备

菠萝………120 克　　　苹果……150 克
葡萄柚……80 克　　　柠檬………30 克
蜂蜜………10 克　　　冰块………10 克

料理方法

① 将葡萄柚、柠檬洗净，切块，榨汁。
② 菠萝、苹果洗净后切块，用榨汁机搅打成泥，滤出果汁。
③ 两样果汁倒入杯中，加蜂蜜、冰块即可。

饮用功效

　　中医认为：菠萝有解暑止渴、助消化、止泻的功效，为医食兼优的时令水果。现代医学研究认为：菠萝中含有菠萝酶素，常被用来辅助治疗心脏疾病、烧伤、脓疮和溃疡等，有很好的效果。

Tips： 此饮品不滤渣瘦身美白效果更好。还能修复日光对肌肤的伤害，适合日晒后或饭后饮用。

营养成分

以 100ml 可食蔬果汁计算

膳食纤维	蛋白质	脂肪	碳水化合物
1.9 克	1.6 克	1.5 克	32.9 克
维生素 B₁	维生素 B₂	维生素 E	维生素 C
0.01 毫克	0.01 毫克	2 毫克	76 毫克

科学食用宜忌

宜 食用前须将菠萝切成片，用盐水或苏打水泡 20 分钟，以防止发生过敏。

忌 葡萄柚汁不能搭配降压药饮用。

菠萝豆浆

● 消除疲劳 + 润泽肌肤

蔬果汁热量 **111.4kcal/100ml**

操作方便度 ★★★★☆
推荐指数 ★★★★☆

食材准备

菠萝……120 克   豆浆……240 毫升
蜂蜜………10 克   冰块………少许

🔥 料理方法

① 将菠萝洗净，去皮，切成块。
② 将豆浆倒入榨汁机的容杯中，加入蜂蜜搅拌均匀。
③ 放入切好的菠萝，搅拌 1 分钟，再加入冰块即可。

🍹 饮用功效

　　饮用此饮品可消除疲劳，润泽皮肤。还可防止便秘。

营养成分			以 100ml 可食蔬果汁计算
膳食纤维	蛋白质	脂肪	碳水化合物
2.9 克	4.5 克	3 克	17.2 克

菠菜蜜汁

● 排除毒素 + 亮颜活肤

蔬果汁热量 **181kcal/100ml**

操作方便度 ★★★☆☆
推荐指数 ★★★☆☆

食材准备

金针花…60 克   蜂蜜………30 毫升
菠菜……60 克   冷开水…150 毫升
葱白…20 克   冰块………70 克

🔥 料理方法

① 金针花洗净；葱白、菠菜洗净，切小段。
② 金针花、菠菜、葱白放入榨汁机中榨成汁。
③ 再将汁倒入搅拌机中加蜂蜜、冷开水、冰块高速搅打 30 秒钟即可。

🍹 饮用功效

　　此饮品能促进大便的排泄，可防治肠道肿瘤，还能降低胆固醇，对神经衰弱、高血压、动脉硬化、慢性肾炎均有辅助疗效。

营养成分			以 100ml 可食蔬果汁计算
膳食纤维	蛋白质	脂肪	碳水化合物
7 克	20.8 克	1.7 克	38.5 克

胡萝卜猕猴桃汁

● 改善肤质＋缓解疲劳

蔬果汁热量 **101kcal/100ml**

操作方便度 ★★★★☆
推荐指数 ★★★★☆

食材准备

胡萝卜……100 克　　柠檬……30 克
猕猴桃……50 克　　冰块……少许

料理方法

① 将胡萝卜洗净，切成块；猕猴桃去皮后，切小块；柠檬连皮切成块。
② 将柠檬、胡萝卜、猕猴桃一起放入榨汁机中榨成汁。
③ 最后在果汁中加入适量冰块即可。

饮用功效

　　本品具有润泽皮肤、缓解疲劳的功效，尤其适宜职场女性饮用。

营养成分			以 100ml 可食蔬果汁计算
膳食纤维	蛋白质	脂肪	碳水化合物
4 克	2 克	1.1 克	19.6 克

南瓜胡萝卜鲜奶

● 保护皮肤＋预防感冒

蔬果汁热量 **185kcal/100ml**

操作方便度 ★★★★☆
推荐指数 ★★★☆☆

食材准备

南瓜………50 克　　柑橘………50 克
胡萝卜……100 克　　鲜奶…200 毫升

料理方法

① 南瓜煮软后，切成 2～3 厘米的块。
② 胡萝卜削皮后，切成小块。
③ 将上述所有材料放入榨汁机中，高速搅打 2 分钟，加入鲜奶搅匀即可。

饮用功效

　　本饮品能够保护皮肤组织，预防感冒。但是南瓜榨汁前记得一定要煮软。若不习惯吃南瓜皮，可先去皮，南瓜肉煮软榨汁。

营养成分			以 100ml 可食蔬果汁计算
膳食纤维	蛋白质	脂肪	碳水化合物
1.5 克	7.3 克	4.5 克	33 克

雪梨香柚汁

● 滋润肌肤 + 润肺解酒

营养成分

以 100ml 可食蔬果汁计算

膳食纤维	蛋白质	脂肪	碳水化合物
2.9 克	1.5 克	1.3 克	22.3 克
维生素 B_1	维生素 B_2	维生素 E	维生素 C
0.1 毫克	0.1 毫克	3.4 毫克	6 毫克

柚子档案

产地	性味	归经	保健作用
福建 江西	性寒，味 甘、酸	肺、脾经	化痰止咳 止痛理气

成熟周期：

								结果	结果			当年 ◀
1月	2月	3月	4月	5月	6月	7月	8月	9月	10月	11月	12月	

1月	2月	3月	4月	5月	6月	7月	8月	9月	10月	11月	12月	
												次年 ◀

食材准备

梨……………100 克　　　蜂蜜………10 克
柚子………180 克

🍲 料理方法

① 将梨去皮，切成块。
② 柚子去皮，切成块。
③ 将梨和柚子放入榨汁机内榨汁。
④ 向果汁中加 1 大匙蜂蜜，搅拌均匀即可。

饮用功效

此饮品可滋润肌肤，润肺解酒。还可以降低人体内的胆固醇含量，适合高血压患者饮用。

👩‍🍳 柚子的挑选小窍门二

挑选柚子一般要注意两点：首先，大的柚子不一定就是好的，要看表皮是否光滑和看着色是否均匀；然后要把柚子拿起来看看它的重量，如果很重就说明这个柚子的水分很多，符合这两点的基本就能算得上是好柚子。

柠檬蔬果汁

● 淡化斑点＋嫩肌美肤

操作方便度　★★★★★
推荐指数　　★★★★★

食材准备

柠檬……………50 克　　油菜……………80 克
生菜…………125 克　　冰块……………20 克

料理方法

① 将柠檬洗净后连皮切成块；生菜和小油菜也切成易于放入榨汁机的大小。
② 将柠檬放入榨汁机里榨成汁，再将生菜、小油菜榨成汁。
③ 将果汁混合均匀，再加入少许冰块即可。

饮用功效

　　此饮品可预防感冒，滋润光滑皮肤，以防粗糙，淡化黑斑、雀斑。

油菜的挑选小窍门

　　挑选油菜的时候要注意避免虫蛀，可仔细观察菜叶的背面有无虫眼。

营养成分

以 100ml 可食蔬果汁计算

膳食纤维	蛋白质	脂肪	碳水化合物
1.5 克	3.4 克	1.2 克	4.8 克
维生素 B_1	维生素 B_2	维生素 E	维生素 C
0.1 毫克	0.1 毫克	2.2 毫克	34 毫克

油菜档案

产地	性味	归经	保健作用
江苏 河南	性凉 味甘	肝、肺、脾经	宽肠通便 解毒消肿

成熟周期：

结果 结果　　　当年 ◀

| 1月 | 2月 | 3月 | 4月 | 5月 | 6月 | 7月 | 8月 | **9月** | **10月** | 11月 | 12月 |

| 1月 | 2月 | 3月 | 4月 | 5月 | 6月 | 7月 | 8月 | 9月 | 10月 | 11月 | 12月 |

次年 ◀

養顔美白 芳华不老蔬果汁

养颜美白蔬果汁索引

芦荟

「性味」性寒，味苦。
「归经」肝，大肠经。
「功效」解毒消炎、润肠通便。

冰糖芦荟桂圆露

「功效」
本品可以滋润皮肤，防止皱纹产生，有使脸色更红润的神奇效果。

190页

芦荟柠檬汁

「功效」
有抗炎和止痛作用，对脂肪代谢、胃肠功能、排泄系统都有很好的调节作用。

185页

香蕉

「性味」性温，无毒，味酸。
「归经」肺、大肠经。
「功效」润肠通便、润肺止咳。

杨桃香蕉牛奶蜜

「功效」
此饮品能美白肌肤，消除皱纹，改善干性或油性肌肤。

190页

香蕉番茄乳酸饮

「功效」
常吃能使皮肤细滑白皙，可延缓衰老。对食欲不振有辅助治疗作用。

189页

生菜

「性味」性冷，味甘。
「归经」胃、肾经。
「功效」清热利湿、益肾补虚。

柠檬生菜莓汁

「功效」
此饮能缓解青春痘，淡化雀斑、黑斑，治皮肤晒伤。

209页

柠檬蔬果汁

「功效」
预防感冒，滋润光滑皮肤，以防粗糙，淡化黑斑、雀斑。

221页

葡萄柚

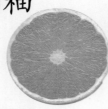

「性味」性寒，味甘、酸。
「归经」胃经。
「功效」止咳化痰、生津止渴。

蒲公英葡萄柚汁

「功效」
本品具有清热解毒、消肿散结、利尿、健胃、消炎等作用。

193页

草莓香柚黄瓜汁

「功效」
本饮品中含有非常丰富的柠檬酸、钠、钾和钙，有助于肉类的消化。

193页

酪梨

「性味」性凉，味甘。
「归经」肝、肾经。
「功效」滋阴止咳。

酪梨木瓜柠檬汁

「功效」
此道蔬果汁可提高皮肤抗氧化能力，消除细纹。

184页

酪梨柠檬橙汁

「功效」
此饮品味道甜美，可去除皱纹和黑斑，延缓肌肤老化。

197页

荸荠

「性味」性寒，味甘。
「归经」脾、肺经。
「功效」生津止渴、润肠通便。

马蹄双瓜汁

「功效」
本饮品含铁量高，对人体造血机能有促进作用，是一款很好的女性滋补饮品。

181页

润肤蔬果蜜

「功效」
此饮料有清热去湿之功效，可促进新陈代谢，能抑制皮肤毛囊的细菌生长。

207页

香瓜

「性味」性寒，味甘。
「归经」胃、肺、大肠经。
「功效」清热解暑、除烦利尿。

柠檬茭白香瓜汁

「功效」
此饮品能嫩白保湿、淡化雀斑、清热解毒、除烦解渴。

191页

香瓜蔬果汁

「功效」
此饮品可细滑、滋润、白嫩皮肤，还可消除皮肤暗疮、雀斑、黑斑等。

209页

花椰菜

「性味」性凉，味甘。
「归经」胃、肝、肺经。
「功效」促进消化、增进食欲。

花椰黄瓜汁

「功效」
经常食用可达到延缓皮肤衰老的作用，还可防止口角炎、唇炎，亦可润滑肌肤。

184页

美容蔬果汁

「功效」
此饮品可以保护眼睛，改善视力，同时还能降压安神，清热利尿。

194页

养颜美白 芳华不老蔬果汁

第五章

健康养颜

青春永驻花果醋

花果醋中富含肌肤所需的醋酸、蛋白质等活性物质，且能良好地保存水果和鲜花中的维生素、矿物质、氨基酸等营养成分，同时还能促进肌肤新陈代谢，使皮肤光泽细致，进而能发挥养颜焕肤、延缓衰老的作用。

玫瑰醋饮

● 美容养颜＋调理气血

醋饮热量　167.4kcal/100ml
操作方便度　★★★☆☆
推荐指数　★★★☆☆

营养成分

以 100ml 可食蔬果汁计算

膳食纤维	蛋白质	脂肪	碳水化合物
3.3 克	5.7 克	1 克	48.6 克
维生素 B_1	维生素 B_2	维生素 E	维生素 C
0.1 毫克	0.1 毫克	2.9 毫克	74.6 毫克

玫瑰档案

产地	性味	归经	保健作用
云南 江苏	性温，味 甘、微苦	肝、脾经	理气解郁 活血化淤

成熟周期：
结果　结果
当年 ◀
1月 2月 3月 4月 5月 6月 7月 8月 9月 10月 11月 12月

1月 2月 3月 4月 5月 6月 7月 8月 9月 10月 11月 12月
次年 ◀

食材准备

醋………200 毫升　　　桃………150 克
干玫瑰花…30 克　　　冰糖………10 克

🍲 料理方法

① 将桃洗净，吹干，去核对切。
② 玫瑰去梗，洗净，吹干（干品无须清洗）。
③ 将桃、冰糖、玫瑰放入罐中，倒入醋，淹过
　食材高度，封罐。
④ 发酵 45 ~ 120 天即可饮用，6 ~ 10 个月
　风味更佳。

🧃 饮用功效

　　玫瑰醋饮不但是调味佳品，而且具有理气解
郁、活血化淤功效。由于玫瑰醋的主要成分是醋酸，
具有很强的杀菌作用，对皮肤、头发能发挥很好
的保护作用。

👩‍⚕️ 桃子的挑选小窍门

　　挑选桃子的时候不一定要个大的，个太大
里面的核多半是裂开的，这样的桃子口味并不好。
另外在挑选的时候，桃子的色泽也是决定其好坏
的标准，一般以红色为好，且果形要端正。

甜菊醋饮

● 缓解疲劳 + 祛脂美颜

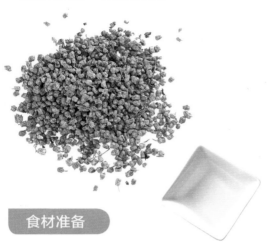

食材准备

白醋……300 毫升   甜菊……40 克

料理方法

① 将甜菊洗净，烘干放入瓶中，然后将醋倒入瓶中，淹过甜菊高度，封罐。

② 发酵 8 天即可饮用，时间越久，风味越佳。

饮用功效

甜菊具有帮助消化、滋养肝脏、调整血糖的功效，还能促进胰腺和脾胃功能，更能减肥养颜，养精提神。与醋制成饮料，相当符合现代人追求低热量、低糖、低碳水化合物、低脂肪的健康生活方式，更是体重过重者、糖尿病患者的保养圣品。

甜菊的挑选小窍门

颜色太漂亮的甜菊不能选，可能是硫黄熏的。颜色发暗的菊花也不要选，这种菊花是陈年老菊花。可以用手摸一摸，松软的、顺滑的菊花比较好，花瓣不零乱，不脱落，即表明菊花刚开就被采摘了。

营养成分

以 100ml 可食蔬果汁计算

膳食纤维	蛋白质	脂肪	碳水化合物
0.2 克	3.3 克	0.6 克	7.9 克
维生素 B$_1$	维生素 B$_2$	维生素 E	维生素 C
0.1 毫克	0.1 毫克	0.1 毫克	0.3 毫克

甜菊档案

产地	性味	归经	保健作用
浙江安徽	性微寒，味甘、苦、辛	肝、肺经	平肝明目帮助消化

成熟周期

当年 ◀

结果 结果

1月 2月 3月 4月 5月 6月 7月 8月 9月 10月 11月 12月

1月 2月 3月 4月 5月 6月 7月 8月 9月 10月 11月 12月

次年 ◀

健康养颜 青春永驻花果醋

薰衣草醋饮

● 洁净肌肤＋收缩毛孔

醋饮热量　127.5kcal/100ml

操作方便度　★★★☆☆
推荐指数　　★★★★☆

营养成分

以 100ml 可食蔬果汁计算

膳食纤维	蛋白质	脂肪	碳水化合物
1.3 克	7.4 克	2.1 克	286.3 克
维生素 B_1	维生素 B_2	维生素 E	维生素 C
0.1 毫克	0.2 毫克	1.1 毫克	40 毫克

薰衣草档案

产地	性味	归经	保健作用
北京 新疆	性温 味辛、甘	胃、肝 肾经	清热解毒 安神镇静

成熟周期：

当年 ◀

| 1月 | 2月 | 3月 | 4月 | 5月 | 6月 结果 | 7月 结果 | 8月 结果 | 9月 结果 | 10月 结果 | 11月 | 12月 |

| 1月 | 2月 | 3月 | 4月 | 5月 | 6月 | 7月 | 8月 | 9月 | 10月 | 11月 | 12月 |

次年 ◀

食材准备

白醋……250 毫升　　冰糖………50 克
柠檬………100 克　　薰衣草……100 克

料理方法

① 薰衣草洗净，吹干至略呈枯萎状，切段。
② 柠檬洗净，吹干，连皮切片。
③ 将薰衣草、冰糖、柠檬片放入玻璃瓶中，倒入醋，封罐。
④ 发酵 45 ~ 120 天即可饮用，5 ~ 10 个月风味更佳。

饮用功效

　　薰衣草醋饮具有多重美容功效，不但可净化肌肤、收缩毛孔，更可松弛身心。薰衣草和醋同样都具有排毒、美肤的功效，相互配合可发挥排毒养颜、延缓衰老的作用。

薰衣草的挑选小窍门

　　薰衣草在选购的时候应该挑选颜色鲜艳者，且气味馨香。除了法国普罗旺斯所产者最好外，我国新疆地区的薰衣草品质也属上乘。

洋甘菊醋饮

● 延缓老化+润肌美肤

醋饮热量 **76kcal/100ml**

操作方便度 ★ ★ ★ ★ ☆
推荐指数 　 ★ ★ ★ ★ ☆

食材准备

白醋………300 毫升　　蜂蜜………适量
洋甘菊………40 朵

料理方法

① 将洋甘菊洗净，吹干至略呈枯萎状。
② 将洋甘菊、蜂蜜放入玻璃瓶中，最后倒入醋，封罐。
③ 发酵 8 ~ 60 天即可饮用，3 个月以上风味更佳。

饮用功效

　　洋甘菊醋可消除因头痛、偏头痛或发烧感冒引起的肌肉酸痛，并具有抗老化、润泽肌肤、帮助皮肤组织再生、舒缓肌肤并收敛毛孔的功效。常饮洋甘菊醋还有镇静作用，让人心绪变得更平静。

洋甘菊的挑选小窍门

　　洋甘菊应首选花瓣牢固不凌乱的，稍用手触碰，如果花瓣立即脱落就不宜选购。

营养成分

以 100ml 可食蔬果汁计算

膳食纤维	蛋白质	脂肪	碳水化合物
2.4 克	3.7 克	0.8 克	15.2 克
维生素 B_1	维生素 B_2	维生素 E	维生素 C
0.1 毫克	0.2 毫克	0.1 毫克	6 毫克

洋甘菊档案

产地	性味	归经	保健作用
新疆 甘肃	性微寒 味微苦、甘	肝、肺经	镇静催眠 止痛解痉

成熟周期：

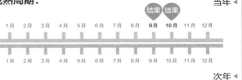

当年 ▶

| 1月 | 2月 | 3月 | 4月 | 5月 | 6月 | 7月 | 8月 | 9月 | 10月 | 11月 | 12月 |

结果 结果（9月、10月）

次年 ◀

健康养颜 青春永驻花果醋

第五章 健康养颜 青春永驻花果醋 229

金钱薄荷醋饮

● 促进消化 + 消除疲劳

醋饮热量 **61.5kcal/100ml**

操作方便度　★★★☆☆
推荐指数　　★★★★☆

营养成分

以 100ml 可食蔬果汁计算

膳食纤维	蛋白质	脂肪	碳水化合物
3.6 克	4.7 克	0.6 克	8.1 克
维生素 B$_1$	维生素 B$_2$	维生素 E	维生素 C
0.1 毫克	0.1 毫克	0.3 毫克	14 毫克

薄荷档案

产地	性味	归经	保健作用
江西 江苏	性凉 味辛	肝、肺经	疏风散热 清利头目

成熟周期：

当年

结果 结果

| 1月 | 2月 | 3月 | 4月 | 5月 | 6月 | 7月 | 8月 | 9月 | 10月 | 11月 | 12月 |

次年

食材准备

白醋……300 毫升　　荠菜花………20 克
金钱薄荷……40 克　　纯净水……100 毫升

料理方法

① 将所有药草洗净，加适量水和醋煎煮。
② 先用大火煮沸后，再转小火煮，约 15 分钟即可。

饮用功效

　　美容方面，醋具有消炎、抗氧化的功效，而金钱薄荷具有收敛爽肤的作用，荠菜花可分解油脂，用金钱薄荷、荠菜花与醋制成的混合醋饮口味独特，能发挥改善毛孔粗大的功效，此醋饮对于降低血压、治疗感冒、帮助肠胃消化吸收、解除疲劳等也具有一定的作用。

薄荷叶的挑选小窍门

　　只要叶子没有发黄，而且整棵薄荷的叶子要呈绿色，茎叶很茂盛即可选用。

茴香醋饮

● 祛脂减重 + 紧致肌肤

醋饮热量 **74kcal/100ml**

操作方便度 ★★★★☆
推荐指数 ★★★★☆

食材准备

白醋………300 毫升   茴香………40 克

料理方法

① 将茴香洗净，吹干至略呈枯萎状，切段。
② 将切好的茴香放入瓶中，倒入醋，淹过食材高度，封罐。
③ 发酵 10 天左右即可饮用，时间越长，风味越佳。

饮用功效

茴香营养丰富，含有蛋白质、脂肪、碳水化合物、B 族维生素、维生素 C、钙、磷、铁等。将茴香与醋进行调制而成的茴香醋饮，适量饮用可缓解因肾虚而引发的腰痛，消除肠气、胃闷痛，保持肌肤洁净，也是减轻体重的妙方。

茴香的挑选小窍门

挑选茴香时应该选用没有枯黄叶子的，且根茎粗大者为好。

营养成分

以 100ml 可食蔬果汁计算

膳食纤维	蛋白质	脂肪	碳水化合物
0.8 克	5.4 克	0.8 克	11.1 克
维生素 B$_1$	维生素 B$_2$	维生素 E	维生素 C
0.1 毫克	0.1 毫克	0.4 毫克	13 毫克

茴香档案

产地	性味	归经	保健作用
山东河北	性温，味辛	肝、肾、脾经	温阳散寒理气止痛

成熟周期：

结果 结果

当年 ◀

| 1月 | 2月 | 3月 | 4月 | **5月** | **6月** | 7月 | 8月 | 9月 | 10月 | 11月 | 12月 |

| 1月 | 2月 | 3月 | 4月 | 5月 | 6月 | 7月 | 8月 | 9月 | 10月 | 11月 | 12月 |

次年 ◀

健康养颜 青春永驻花果醋

葡萄醋饮

● 消除疲劳 + 延缓衰老

醋饮热量 **130.4kcal/100ml**

操作方便度　★★★★☆
推荐指数　　★★★★☆

营养成分

			以 100ml 可食蔬果汁计算
膳食纤维	蛋白质	脂肪	碳水化合物
9 克	7.8 克	2.9 克	313.6 克
维生素 B₁	维生素 B₂	维生素 E	维生素 C
0.2 毫克	0.3 毫克	1.7 毫克	20 毫克

葡萄档案

产地	性味	归经	保健作用
新疆 甘肃	性平，味 甘、酸	肺、脾、 肾经	大补气血 延缓衰老

成熟周期：

结果 结果 结果　　　　当年

1月 2月 3月 4月 5月 6月 7月 **8月 9月 10月** 11月 12月

1月 2月 3月 4月 5月 6月 7月 8月 9月 10月 11月 12月

次年

食材准备

白醋……300 毫升　　　冰糖……30 克
葡萄……200 克

料理方法

① 将葡萄洗净，切开晾干。
② 再把葡萄和冰糖以交错堆叠的方式放入玻璃
　容器中，然后倒入醋，最后封罐。
③ 发酵 45 ～ 120 天即可饮用。

饮用功效

　　葡萄醋中的醋酸、甘油和醛类化合物对皮
肤有柔和刺激作用，能扩张血管、增进皮肤的
血液循环，使皮肤光润。同时还可抗衰老，其
中所含的原花青素 OPC 是一种高效抗氧化剂，
有抗衰老作用。

食醋的挑选小窍门

　　一般来说，用粮食酿造的食醋，在震荡（醋）
的时候，有丰富的泡沫，而且泡沫持久不消。但
是伪劣的食醋，我们摇晃它、震荡它，虽然也有
泡沫出现，但是这些泡沫一会儿就会消失。

苹果醋饮

● 亮白肌肤 + 淡化细纹

醋饮热量 172.5kcal/100ml

操作方便度 ★★★★☆
推荐指数 ★★★☆☆

食材准备

白醋……250 毫升　　　甜菜根……100 克
苹果……150 克

料理方法

① 将苹果洗净后吹干，去核切片。

② 将苹果块放入玻璃瓶中，再加入甜菜根，倒入醋，淹过食材高度，封罐。

③ 发酵 50 天即可饮用，6 ~ 10 个月风味更佳。

饮用功效

　　用苹果醋所制成的面膜敷脸可以美白肌肤，尤其苹果中富含的苹果酸，更是油性皮肤理想的天然清洁剂，不仅能使皮肤油脂分泌平衡，还有软化皮肤角质层的作用，也是消除黑眼圈的最佳秘方。

苹果的挑选小窍门

　　苹果一般应选择表皮光洁无伤痕，色泽鲜艳、肉质嫩软的；用手握试苹果的硬软情况，太硬者未熟，太软者过熟，软硬适度为佳；用手掂量，如果重量轻则是肉质松绵，一般不建议购买。

营养成分

以 100ml 可食蔬果汁计算

膳食纤维	蛋白质	脂肪	碳水化合物
7.4 克	5.5 克	1.6 克	67.6 克
维生素 B$_1$	维生素 B$_2$	维生素 E	维生素 C
0.1 毫克	0.1 毫克	6.3 毫克	32 毫克

甜菜档案

产地	性味	归经	保健作用
华北 华南	性平、微凉，味甘	—	降脂护肝 对抗肿瘤

成熟周期：

当年 ◀

结果 结果

1月 2月 3月 4月 **5月** **6月** 7月 8月 9月 10月 11月 12月

1月 2月 3月 4月 5月 6月 7月 8月 9月 10月 11月 12月

次年 ◀

柠檬苹果醋饮

● 紧肤润肌 + 轻松瘦身

柠檬………300 克　　苹果醋………300 毫升
冰糖………100 克

🍳 料理方法

① 柠檬洗净并滤干，切薄片后放入玻璃罐中。

② 添加冰糖以及苹果醋，再用保鲜膜将瓶口封住，拧紧盖子后放半年即可饮用。

③ 饮用时，可取 10 毫升的柠檬苹果醋、200 毫升的白开水以及少许的蜂蜜调匀即可。

🍶 饮用功效

　　柠檬可养颜美容，与醋混合而成的柠檬醋，更是一种健康饮品。苹果和醋都具有减轻体重的功效，将两者调制而成的苹果醋对减肥很有帮助。而用柠檬和苹果醋制成的柠檬苹果醋除了能美颜，还具有消食开胃、止血化淤的功效。

👨‍🍳 果醋的挑选小窍门

　　勾兑型的果醋饮料，其醋味比较突出；发酵型的果醋饮料，水果味和醋香味闻起来相对比较协调，不会有浓重的刺鼻感，喝起来还有醋酸的味道，而且水果通过发酵和储存后，口感更加柔和，香味更加醇厚。

醋饮热量　225.3kcal/100ml

操作方便度　★★★★☆
推荐指数　★★★☆☆

营养成分

以 100ml 可食蔬果汁计算

膳食纤维	蛋白质	脂肪	碳水化合物
6.5 克	11.9 克	6.9 克	535.7 克
维生素 B$_1$	维生素 B$_2$	维生素 E	维生素 C
0.2 毫克	0.2 毫克	5.7 毫克	200 毫克

果醋档案

产地	性味	归经	保健作用
各地均有	性平味甘、酸	肝、胃经	消食开胃止血化淤

成熟周期：全年都有

当年 ◀

| 1月 | 2月 | 3月 | 4月 | 5月 | 6月 | 7月 | 8月 | 9月 | 10月 | 11月 | 12月 |

| 1月 | 2月 | 3月 | 4月 | 5月 | 6月 | 7月 | 8月 | 9月 | 10月 | 11月 | 12月 |

次年 ◀

荔枝醋饮

● 预防肥胖＋排毒养颜

醋饮热量 **241kcal/100ml**

操作方便度　★★★★☆
推荐指数　★★★☆☆

食材准备

白醋…………500 克　　　荔枝………250 克

料理方法

① 将荔枝去皮去子放入瓶中，倒入醋密封。
② 发酵2个月后饮用，3～5个月饮用风味更佳。

饮用功效

　　用荔枝和醋调制而成的荔枝醋，能促进血液循环与新陈代谢、改善肝脏功能，还具有润肺补肾、帮助毒素排除、处理体内饮酒累积的氧化物、促进细胞再生、使皮肤细嫩等功效，并能有效预防肥胖，是排毒养颜的理想选择。

荔枝的挑选小窍门

　　新鲜荔枝应该色泽鲜艳、个大均匀、皮薄肉厚、质嫩多汁的，且味甜，富有香气。挑选时可以先在手里轻捏，好荔枝的手感应该发紧而且有弹性。

营养成分

以 100ml 可食蔬果汁计算

膳食纤维	蛋白质	脂肪	碳水化合物
2.5 克	8.2 克	3.6 克	90.3 克
维生素 B$_1$	维生素 B$_2$	维生素 E	维生素 C
0.2 毫克	0.3 毫克	0.5 毫克	180 毫克

荔枝档案

产地	性味	归经	保健作用
广东广西	性平，味甘、微酸	肝、脾经	生津止渴健脾补血

成熟周期：

当年 ◀
结果（6月）　结果（7月）
1月 2月 3月 4月 5月 **6月** **7月** 8月 9月 10月 11月 12月
1月 2月 3月 4月 5月 6月 7月 8月 9月 10月 11月 12月
次年 ◀

草莓醋面膜

● 淡化雀斑+美肌嫩肤

操作方便度 ★★★★☆
推荐指数 ★★★★★

营养成分

以 100ml 可食蔬果汁计算

膳食纤维	蛋白质	脂肪	碳水化合物
1.8 克	10 克	1.8 克	120 克
维生素 B_1	维生素 B_2	维生素 E	维生素 C
0.2 毫克	0.3 毫克	0.5 毫克	216 毫克

养颜小贴士

如果嫌制作面膜复杂，可以直接取 2 汤匙牛奶，加数滴橄榄油和少量面粉拌匀，用清水洗净脸后，直接用棉签蘸敷在清洁的面上，干后以温水清洗。此办法可减少皱纹、增加皮肤弹性功效。

食材准备

鲜草莓………50 克　　　陈醋………100 毫升
鲜奶……100 毫克

料理方法

① 将草莓洗净，去蒂后捣成泥状。
② 往草莓泥中加入醋和牛奶，调成糊状。

使用功效

草莓富含维生素 C，有美白皮肤的功效，而醋也同样具有美白的功效。使用草莓和醋制成的草莓醋面膜敷脸，能使角质细胞软化脱落，可消除雀斑、黑点，使皮肤不但洁白光泽而且润泽细腻，所以相当适合干性皮肤使用。此外，还能祛除因太阳辐射所引起的斑点。

牛奶使用的小窍门

除鱼腥味：炸鱼前先把鱼浸入牛奶中片刻，既能除腥，又能增强口味；除蒜味：喝杯牛奶，可消除留在口中的大蒜味。去水果渍：变味的牛奶能去掉衣服上的水果渍，在痕迹处涂上牛奶，过几小时再用清水洗，就能洗干净。

黑枣醋润肤露

● 活络气血＋红润肤色

操作方便度　★★★★☆
推荐指数　　★★★★☆

食材准备

葡萄……………150 克　　黑枣…………60 克
陈醋……100 毫升　　米酒……100 毫升

料理方法

① 先将黑枣拣去杂质清洗干净，用米酒略泡，晾干后切开。
② 将黑枣和葡萄以堆叠的方式放入玻璃罐中，再倒入陈醋，密封。
③ 发酵 4 个月后即可食用。

使用功效

　　取适量的黑枣醋与新鲜的葡萄汁调和，加入适量的开水稀释后倒入浴缸中。身体洗净之后，进入浴缸中浸泡 10 ~ 15 分钟即可。在睡前泡此养颜浴是最适合的，既能帮助身体循环代谢，又能达到润肤美颜、延缓衰老的功效。

黑枣的挑选小窍门

　　在挑选黑枣时，首先要注意虫蛀、破头、烂枣等。好的黑枣皮色应乌亮有光，黑里泛出红色；皮色乌黑者为次；色黑带萎者更次；如果整个皮表呈褐红色是品质最差的，不建议购买。

营养成分

以 100ml 可食蔬果汁计算

膳食纤维	蛋白质	脂肪	碳水化合物
26 克	117.1 克	6 克	1015.8 克
维生素 B$_1$	维生素 B$_2$	维生素 E	维生素 C
0.2 毫克	0.1 毫克	26.4 毫克	—

黑枣档案

产地	性味	归经	保健作用
辽宁河北	性平味甘	脾、胃经	滋阴补血补益脾胃

成熟周期：

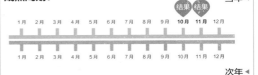

健康养颜 青春永驻花果醋

健康养颜花果醋索引

玫瑰醋饮

「功效」

　　玫瑰醋不但是调味佳品，而且具有良好的美容功效。由于玫瑰醋的主要成分是醋酸，具有很强的杀菌作用，对皮肤、头发能发挥很好的保护作用。此外，玫瑰醋还含有丰富的钙、氨基酸、醛类化合物以及一些盐类，这些成分都对皮肤极有好处。

226页

甜菊醋饮

「功效」

　　甜菊叶片具有帮助消化、滋养肝脏、调整血糖的功效，还能促进胰腺和脾胃功能，更能减肥养颜，养精提神，相当符合现代人追求低热量、低糖、低碳水化合物、低脂肪的健康生活方式，更是体重过重者、糖尿病患者的保养佳品。

227页

薰衣草醋饮

「功效」

　　薰衣草醋具有多重美容功效，不但可净化肌肤、收缩毛孔，更可松弛身心。在发挥镇静及松弛身心的功效之余，更为肌肤添上一丝淡淡的薰衣草幽香。而醋则可洁净及收敛皮肤，令肌肤完美细致。

228页

洋甘菊醋饮

「功效」

　　洋甘菊醋可消除因头痛、偏头痛或发烧感冒引起的肌肉酸痛，并具有抗老化、润泽肌肤、帮助皮肤组织再生、舒缓肌肤并收敛毛孔的功效。常饮洋甘菊醋还有镇静作用，让人心绪变得更平静。此外，对于睡眠、稳定情绪也有一定帮助。

229页

金钱薄荷醋饮

「功效」

　　在美容方面，醋具有消炎、抗氧化的功效，而金钱薄荷具有收敛爽肤的作用，荠菜花可分解油脂，用金钱薄荷、荠菜花与醋制成的混合醋饮口味独特，能发挥改善毛孔粗大的功效，此醋饮对于降低血压、预防疾病、帮助肠胃消化吸收、解除疲劳等也具有一定的作用。

230页

茴香醋饮

「功效」

　　将茴香与醋进行调制而成的茴香醋饮，能消除肠气、胃闷痛，保持肌肤洁净，也是减轻体重的妙方。此外，将茴香醋调匀后涂抹于皮肤上，可起到保湿、防皱，改善橘皮组织的功效。若将茴香醋作为漱口水使用，则可以保持口腔清洁。

231页

葡萄醋饮

「功效」

　　葡萄醋中的有机酸能分解并氧化疲劳物质乳酸和丙酮酸等，从而消除疲劳。葡萄醋中的醋酸、甘油和醛类化合物对皮肤有柔和的刺激作用，能扩张血管、增进皮肤的血液循环，使皮肤光润。

232页

苹果醋饮

「功效」

　　苹果与醋混合制成的苹果醋饮对肠胃的刺激性小，能有效地补充身体的营养所需。其中苹果的果胶还可以抑制食欲，减少脂肪和糖分的吸收，并有利于肠胃的消化。用苹果醋所制成的面膜敷脸可以美白肌肤，也是消除黑眼圈的最佳秘方。

233页

柠檬苹果醋饮

「功效」

　　柠檬可养颜美容，与醋混合而成的柠檬醋，更是一种健康饮品。苹果和醋都具有减轻体重的功效，将两者调制而成的苹果醋对减肥很有帮助。而用柠檬和苹果醋制成的柠檬苹果醋除了能美颜，还具有减肥功效。

234页

荔枝醋饮

「功效」

　　此醋能促进血液循环与新陈代谢、改善肝脏功能，还具有润肺补肾、帮助毒素排除、处理体内饮酒累积的氧化物、促进细胞再生、使皮肤细嫩等功效，并能有效预防肥胖、补充血液，是排毒养颜的理想选择。

235页

草莓醋面膜

「功效」

　　使用草莓和醋制成的草莓醋面膜敷脸，能使角质细胞软化脱落，可消除雀斑、黑点，使皮肤不但洁白光泽而且湿润细腻，所以相当适合干性皮肤使用。此外，还能消除因太阳辐射所引起的斑点。

236页

黑枣醋润肤露

「功效」

　　润肤露中的葡萄汁所含有的丰富铁质，可养气强心，令人拥有好气色，对于女性来说更是能活络气血、红润肤色。而黑枣醋具有滋润心肺、抗老化的功效，还可以带动气血循环，减少心血管的淤塞。

237页

健康养颜 青春永驻花果醋

图书在版编目（CIP）数据

神奇瘦身养颜蔬果汁速查全书 / 孙树侠，于雅婷主编；健康养生堂编委会编著 . -- 南京：江苏凤凰科学技术出版社，2014.7（2018.7 重印）
（含章·速查超图解系列）
ISBN 978-7-5537-3006-6

Ⅰ . ①神… Ⅱ . ①孙… ②于… ③健… Ⅲ . ①减肥 – 蔬菜 – 饮料 – 制作 – 图解②减肥 – 果汁饮料 – 制作 – 图解③美容 – 蔬菜 – 饮料 – 制作 – 图解④美容 – 果汁饮料 – 制作 – 图解 Ⅳ . ① TS275.5-64

中国版本图书馆 CIP 数据核字 (2014) 第 062276 号

神奇瘦身养颜蔬果汁速查全书

主　　　编	孙树侠　　于雅婷
编　　　著	健康养生堂编委会
责 任 编 辑	樊明　　葛昀
责 任 监 制	曹叶平　　周雅婷

出 版 发 行	江苏凤凰科学技术出版社
出版社地址	南京市湖南路 1 号 A 楼，邮编：210009
出版社网址	http://www.pspress.cn
印　　　刷	北京富达印务有限公司

开　　　本	718mm×1000mm　1/16
印　　　张	15
版　　　次	2014年7月第1版
印　　　次	2018年7月第2次印刷

标 准 书 号	ISBN 978-7-5537-3006-6
定　　　价	45.00元